李东阳◎主编

CYBERPSYCHOLOGY

互联网心理学
寻找另一个自己

（Alison Attrill）
[英]艾莉森·艾特瑞尔◎编著
于丹妮◎译

电子工业出版社
Publishing House of Electronics Industry
北京·BEIJING

Cyberpsychology

目 录 ▷▶

1. 导论 · 1

第 1 部分
▷▶ 自我呈现、人格特质与在线人际关系 · 9

2. 网络自我呈现中的人格角色 · 10

3. 年龄和目标：是什么决定了互联网的使用？ · 31

4. 在线关系 · 48

5. 在线群体 · 70

6. 社交媒体与网络行为 · 88

7. 另一个世界中的自我呈现 · 111

第 2 部分
▷▶ **线上行为的心理活动和后果** · **133**

8. 网络犯罪与越轨行为 · 134

9. 网络欺凌 · 153

10. 网络健康心理学 · 170

11. 网络成瘾行为的心理学 · 187

12. 互联网支持系统 · 201

13. 在线咨询与治疗 · 220

14. 在线隐私和安全风险 · 238

15. 线上行为的认知因素 · 257

1 导论

艾莉森·艾特瑞尔（Alison Attrill）
英国伍尔弗汉普顿大学

导论

欢迎阅读《互联网心理学》。之所以会选择这样的一个主题，是因为已了解到读者希望有这样一本书，以便于了解这门学问和话题。这是心理学界一个非常罕见的兴奋时刻，因为心理学的一个新的分支学科出现了。在过去的20多年里，心理学发展迅猛且影响深远，互联网心理学的发展有过之而无不及。笔者认为具有如此影响力的另一个子学科只有运动心理学。互联网心理学与运动心理学不同，它几乎以某种方式影响了所有人。人们生活在一个相互之间联系愈发紧密的世界里，技术无处不在。以往，人们只能通过电话或书信在线下彼此联系，而如今人们有越来越多的沟通方式可供选择。人们可以通过大量的线上媒体与家人、朋友、爱人，甚至素未谋面的人们通过网络保持联系。人们通过互联网、电话、平板电脑、游戏机，最近甚至通过眼镜（谷歌眼镜）和智能手表，就可以在线建立友谊，制造浪漫。这一切只需要通过不同的程序来实现。

Cyberpsychology
互联网心理学：寻找另一个自己

目前大的商业环境让人们能够在全球范围内保持联系，一方面，这个行业要求相互信任并尊重隐私权。另一方面，这个行业可以通过诈骗和网络骗局把犯罪直接引入人们的家中，更不用说身份盗用和其他攻击个人（如跟踪和骚扰）和团体（如仇恨言论、仇外心理的传播和蔓延，或政治的影响等）的犯罪行为了。另外，遵纪守法的人即便从网上下载了资料而没有支付费用，也并不认为他们是在犯罪。这并不是说，互联网的应用没有益处。恰恰相反，互联网的益处有很多。现在通过互联网，人们待在舒服的家里就能管理财务和店铺。人们还可以组织假期活动、郊游和社交聚会等。人们曾经认为，一段 20 年的婚姻生活结束了就意味着他们将独自面对余生，但现在他们可以在网上找到一位新的生活伴侣。无论人们的兴趣有多么小众，都可以找到志趣相投的人。无论出于什么原因，那些觉得自己在线下没有多少社会资本的人，都可以在线上创建并维护存在感。这几个在线互动的例子引发了更多的问题，而这些问题很多都超出了单一的课本所能解决的范畴。因此，本书精选了一些在这个领域似乎引起广泛研究兴趣的话题。然而，在对此进行概述之前，首先需要对互联网心理学这一子学科进行定义。

什么是互联网心理学，为什么要研究这个课题？

通常情况下，如果问一位心理学家什么是互联网心理学，他们就会给出一个接近于人机交互研究的定义。虽然这两个主题可能非常相似，但两者之间还是存在差异的。后者研究的是人与技术之间实际的互动，而互联网心理学研究的则是与任何形式的网络技术有关的心理活动、动机、意图、行为结果，以及对人们线上和线下世界的影响等。这个范围涵盖了从互联网的使用到移动电话和游戏机的使用，从如何使用文字处理器和统计软件，到如何操作网上银行。更确切地说，它专注于研究有关人们如何使用技术

导 论

设备并通过其进行沟通的精神和行为的研究。在本书中，将会看到这些设备作为工具促进或阻碍了人们之间的沟通和互动。本书的重点在于人们作为个体或群体是如何利用互联网的，以及使用互联网的原因。需要注意的是，除非另有说明，本文中描述的工作涉及的都是全球互联网络即互联网的使用。这不同于本地化的、通常由一组人访问的局域网。

鉴于在过去的大约25年里，这一领域的出现及相关技术和应用的快速发展，请在阅读过程中时刻谨记，互联网心理学是一个不断演变和发展的领域。例如，几世纪以来，人们一直在试图解释在线下关系如何建立及建立关系的原因。人们不应该想当然地、简单地用时间来理解相同或类似的在线行为。提出新的相关理论和解释需要一定的时间。一些研究可能会被认为有些过时。本书收录这些研究是因为该研究最适合于某些特定的话题，或是尚没有更好的或更新的研究成果。除此之外，研究和出版需要时间。这是互联网心理学领域特殊的困难。该领域的技术是在不断变化和发展的。30岁以上的读者可能记得那个没有互联网的时代。然而，"在数字时代中长大"的30岁以下的人们可能除了知道互联网作为一种工具参与了大多数日常生活和常规活动外，就一无所知了。但是，"在数字时代中长大"意味着什么？这是否意味着年轻人有着不同的生活？在某种程度上，这是否使他们比祖父母，甚至比他们的父母能够更充分地利用互联网？这些问题将在本书中得到解决。

把这些章节结合在一起的一个最重要的主题就是作为交流和互动工具的互联网。沟通工具对人类来说并不新鲜。在互联网出现之前，人们就已经通过电话在沟通了。人们甚至有一个非常基本的文本消息传递形式——电报，尽管这种形式比较笨拙，耗时较长，也比较昂贵。实际上，斯丹迪奇（Standage）在《维多利亚时代的互联网：电报的非凡故事和19世纪的在线拓荒者》（*The Victorian Internet: The Remarkable Story of the Telegraph* and the Nineteenth Century's On-Line Pioneers）中，对过去的电报通信时代做了很好的概述。在这本书中，他展示了如今在互联网上进行的现代社交活动曾经是如何在那些更基本的技术设备上进行的。在过去的几十年里，用于通信的工具可能已经发生了变化，但是斯丹迪奇仍专注于这样一个理念，即人类将使用并适应任何可以用来满足他们对通信的需求、愿望和目的的工具，正如现在所使用的互联网。

人们在互联网上互动的方式也在不断变化。曾经，人们可能使用过非常基本的、非即时的聊天室、Messenger 及早期社交网站，如我的空间（MySpace），但现在，使用即时通信工具（如 Skype）进行视频会议具有很大的优势，这使人们能够即时与世界各地的人建立联系。这些技术上的进步改变了互联网的用途。它不再只是关于线上社交和人格形成的过程。在线上进行电子商务、交易与政府活动（如治安和反恐）等越来越普遍。在线上可以开发用于防止老年认知衰退的工具和用来加强儿童教育的互动工具，或者帮助年轻人免于受到侵犯者的伤害——互联网的应用不断演变，永无止境。所有这些活动都可以受益于某种形式的心理上的输入，他们所得到的解释，付诸的行为及做出的反应也同样如此。这些过程超越了人们早期对有关网上行为的社交和人格方面的心理学的兴趣。即便如此，在整本书中对社交网站，尤其是 Facebook，和与自我有关的社交过程都做了着重的描述。在某种程度上，这是由于对有关互联网，对自我及其社会存在影响的互联网心理学研究的早期关注造成的。在一定程度上，也使工作更具体，并且与学生日常网络行为和互动更加有关联。

随着互联网的不断发展，在过去的 10 年里，线上行为显然并不简单地等同于线下行为。动机、需求、欲望、愿望和能力可能以一种与推动线下行为完全不同的方式推动着线上行为。有一些因素最初并不存在于网络世界里。以社交线索为例，首先，人们说话的方式、语调、眼球运动，以及

导　论

肢体语言等信息在网上都无法完全表现出来，然而，人类很快就制作出了表情符号，用以传达这些有限的社交线索。利用演变的技术和应用，如Snapchat和Skype，曾经认为不存在的社交线索如今越来越多地出现在了线上交流中。在线互动还具有一些线下互动所不具有的优势。可能有助于人际互动的因素，如用于思考信件内容的时间，与线下行为相比，更有利于线上行为。然而，在缺乏社交线索的情况下，这些经过深思熟虑的通信会立即产生负面影响，即很可能对说话人的意图产生误解。读者在阅读本书的同时，应思考自己的网上行为、活动和互动，如何把这些行为与线下互动区分开，这些行为是更依赖于线上行为，还是更依赖于线下行为。思考线下和线上行为与互动背后的动机和意图也有价值。与其他人比起来，有些人是不是或多或少地受到了抑制？在这些行为中，匿名发挥了什么作用？人们曾经认为互联网上充斥着应用的地方现在都是匿名的了，完完全全辨认不出来了。人们现在生活在一个"自拍"和自我传播的世界里，并且常常通过自拍进行自我推销。相比以前，现在有更多的人了解了IP地址在互联网世界中所发挥的作用。人们不再是完全匿名的了，然而，如今人们有权被遗忘在互联网上（参见www.theguardian.com/commentisfree/2014/jul/02/eu-right-to-be-forgotten-guardian-google）。这如何驱使线上行为有别于线下社交网络中的互动？一个人过度分享他在网上的私人生活会对他的线下生活造成什么样的影响？在本书中，这些问题将得到解决。为了定义这个概念，简要指出互联网心理学所研究的是互联网之外的心理活动和行为是很重要的。在计算机技术的其他方面，互联网心理学研究的是人工智能、机器人（Cyberbots）和虚拟现实的心理活动。它试图通过形成带有可检验的假设的理论观点来做到这一点。

1949年，乔治・奥威尔（George Orwell）的《1984》（*Nineteen Eighty-Four*）出版了，在该书中技术监控了已经变成了一号空降场的英国。"老大哥"并不是指一档充分利用人们对名声的欲望的电视节目，而是一个

互联网心理学：寻找另一个自己

暴虐的统治着一号空降场的政党领袖。安迪·沃霍尔（Andy Warhol）曾经有一句名言："在未来，每个人都能当上15分钟的名人"。世界范围内的大众传媒和网络文化使得这两个概念在人们的日常生活中得以实现。通过网络将视频"像病毒一样传播开来"的方式，或者呼吁为一个指定的慈善机构筹集资金的方式，很快就从互联网发展到了国家乃至国际新闻上，人们很想知道，过去几年里，什么样的科学幻想可能演变成现实。通过使用互联网，人们都在帮助实现这一现实吗？人们是在创造一个社会，或者甚至一个世界，让我们通过互联网能够获得所期望的认可和奉承吗？想想自己使用社交网站的情况：如果发布了一个状态更新，如果没有人喜欢，或者如果它没有收到任何评论，你会感觉如何？在一个更社会化的层面上审视一下互联网的使用，例如，2011年的埃及革命，或2011年席卷英国，特别是伦敦的骚乱中发挥了什么样的作用？互联网心理学通常采用延展到不同学术学科（如社会学、生理学、生物学、工程学、科技、网络安全和数学等）之外的跨学科方法，与行业供应商和政府机构达成合作，从而试图解决所有这些问题，甚至更多问题。为了解网络行为，在很大程度上，这本书将重点放在了利用这些综合方法得出的理论和结果的学术应用上。

关于本书

这本书整合了一批领先的互联网心理学权威人士的研究成果。很幸运能够从不同的角度，将跨越多个互联网领域的章节组合在了一起。

本书的第一部分讨论的是在线人际关系。为了达到这个目的，前几章仔细阐述了人们在网上表露自己的方式，以及个性特征在这些表露中发挥的作用。随后，讨论了是否存在数字化的一代人，也就是具有互联网行为特性，并以互联网行为作为特征的一代人。在这一点上，互联网被看做是

导 论

一种工具,它以目标为导向,满足需求及与动机有关的行为,优先于网络互动和网络群体进行讨论。在过去的20多年里,人们一直在研究网恋,并已引起学术界大量的关注。因此,第4章探讨了一个概念,即人们通过使用不同类型的网络关系——柏拉图式的、浪漫的和**家庭的关系**,采用以目标为导向的方式来满足他们对归属感的需求:本章希望有助于推动专注于恋爱关系之外的研究。本书第1部分在描述了自我呈现、个性和人际关系的部分之后,在第6章"社交媒体与网络行为"中重点考虑了个人和群体的行为。顺着个体在线自我呈现的主题向前推进,第7章探讨了通过关注生活在非现实世界里的自我,人们是如何利用游戏和虚拟现实世界在线与他人进行互动的。

本书第2部分更多地侧重于网络行为的积极和消极方面的心理活动和后果。这一部分的第8章简要概述了网络犯罪活动和在线异常行为。大众媒体让人们相信,互联网正在让人们堕落,让人们远离了线下活动,并导致了一系列的心理、社会和财务问题。这让人们意识到,对此进行慎重的考虑是尤为重要的。因此,随后的第9章专门描述了经常报道的大众媒体的负面行为:网络欺凌及相关的侮辱性行为。很遗憾,这些损害了互联网的积极应用和用途的负面活动,如今却越来越成为了大众媒体争相报道的焦点内容。鉴于此,接下来的第10章专注于描述通过在线健康心理学,人们是如何以积极的方式使用互联网的。即便如此,第10章为了重点思考消极的与健康有关的行为,如赞成贪食的网站,还是涉及了网络的黑暗面。成为网络群体的成员助长了任何形式的行为,无论这种行为对人们的线下行为有积极影响还是消极影响,都可以将他们与强迫性的行为联系在一起。这些行动有时被认为是沉迷网络的行为,因此,随后将本书的注意力放在了沉迷网络行为的心理学上。具有讽刺意味的是,个人能够为这些与互联网有关的行为寻求到支持的一个可能的环境依然是互联网。人们有许多理由去谋求在线支持,从丧亲之痛到婚姻指导,从运营信息到为某些疾病或残疾寻求支持群体。因此，在第 12 章中着重描述了在罹患疾病时寻求帮助的行为。另一个与支持健康有关的网络行为领域就是治疗和咨询，第 13 章就很好地概述了这一新兴领域的在线活动。

在阅读这一概述的同时，可能会就与所有这些网络行为相关的隐私和信任问题提出质疑。当然，通过在线共享大量的信息及其他因素，他们本身就携带了一些风险。鉴于此，在本书中重现了在线分享自我信息（自我揭露）的问题。本书第 14 章还着重描述了由于使用互联网引起的隐私和安全风险，以便更详细地考虑这些因素。此外，本书也考虑到了与网络行为和线上互动有关的认知过程。这是一个迅速扩大的研究领域，已经受到了很多关注，特别是在围绕网络空间里的感知、解释和记忆展开研究以后。它也标志着不再把运用社交、个性和发展理论的网络行为当成主要焦点，转而专注于提供一个更完整的在线行为的概述。因此，有人认为以第 15 章作为本书的结尾是合适的。

通过本章简短的概述，希望能引起读者对阅读本书的兴趣。在本书的结尾，会洞察到一些互联网心理学方面的主要工作领域。每一章都包含用于深入阅读的参考文献，便于进一步阅读。网上也有一些好的资源，围绕这本书所涉及的主题列出了阅读列表（参见 http://construct.haifa. ac.il/azy/azy.htm）。在每一章的结尾都为读者提供了讨论问题，用以测试读者对文章的理解程度。

最后，如果想了解更多有关本书作者们的信息，通常通过他们目前正在供职的大学，就可以在网上查找到他们中的大多数人的信息，以及相关的出版物。

Cyberpsychology

互联网心理学：寻找另一个自己

第 1 部分

自我呈现、人格特质与在线人际关系

2 网络自我呈现中的人格角色

克里斯·富尔伍德（Chris Fullwood）
英国伍尔弗汉普顿大学

导论

"你永远也不会有第二次机会来留下第一印象。"

想象一下，你正在准备去相亲。假设你对这次相亲有很高的期待，你有极强的动机给对方留下深刻的印象。你会花多少心思来选择穿什么衣服？你会试很多套衣服然后才最终决定，还是会随手拿一套方便的来穿？你觉得选择一套"正确的"服装是一项简单的任务还是一项需要深思熟虑的大工程（或许需要一些朋友的建议）？不难想象，每个人对这些问题的回答都有所不同。尽管可以借助一些简单的反馈来判断是否给对方留下了好印象（如你的相亲对象是否愿意再和你见面），人们仍然相信自己展示给他人的那一面会影响他人对自己的看法。因此，个体差异对于自我呈现十分重要，并最终影响自己如何管理和监控他人形成的印象。不难想象，沟通的情境会对印象管理策略产生很大的影响。人们呈现自己的方式可能在某种情形下并不适合，然而，换一种情境却很有吸引力。一些社会规范会约束

— 2 —
网络自我呈现中的人格角色

正式和非正式场合中恰当的行为。例如，穿着一身卡车司机的工作服去参加婚礼也许会招来一些异样的目光。同样，如果穿着一身睡衣去夜店，朋友也会觉得奇怪。此外，留下好印象的方法也不仅限于衣着，人们可以靠外表的其他方面（如一个很酷的发型）、肢体语言（有力的握手或保持目光接触）、通过所说的内容（人们的知识和幽默感），甚至是人们的说话方式（语音、语调等辅助语言）来留下印象。

随着网络的发展，人们见证了沟通方式的巨大转变。互联网无处不在，它在人们的日常生活中十分流行。它为人们提供了更多的社会互动的机会，让人们可以用新的沟通方式来维持友谊和扩展社交网络。例如，在线约会已经成为美国异性恋寻找伴侣排名第三的渠道。Facebook 这类的社交网站吸引了海量会员（近期统计显示已有超过 10 亿的用户）。很难否认互联网所具有的全球影响力已经改变了人们与他人沟通的方式，很明显，人们通过网络进行自我呈现的方式也与面对面交流时有所不同。例如，很多理论认为网络上的自我呈现具有很大程度的灵活性，这是因为网络具有**匿名**的性质（如可以设置条件使他人无法浏览个人身份），以及可以更仔细地编辑和把握自我呈现的内容。在 Facebook 上，人们可以选择上传特定的照片（如自拍照）来展示自己的最佳角度（尽管很多时候并没有达到期待的效果）。在填写在线交友资料时，人们可以选择强调自己的优点，淡化或绝口不提自己的不足。每个人都可以有选择地编辑自己的在线档案，以此来影响他人对自己的印象。尽管在线下，人们也会采取类似的策略，然而毫无疑问，网络具有更大的自由度来进行印象管理。事实上，如果人们愿意，完全可以假装自己是另外一个人。

本章将会评估人格特质在多大程度上影响了网络自我呈现的策略。这些内容可能会引起学生和学者的兴趣，更好地研究信息和沟通技术的发展是如何影响社会动力的。尽管有很多种不同的方式来理解人格，这里将注意力集中在人格的特质论上。本章将从原因入手，探讨互联网与传统沟通情境中印象管理方式的差异，随后，通过思考在线互动与面对面沟通的区别，讨论研究网络环境下印象管理的重要性，接着，将通过检验特定的人格特质探究它们如何影响了网络空间自我呈现的策略，最后，将探讨情境如何成为网络自我呈现策略的重要因素，并提出一系列该领域进一步研究的建议。

印象管理的特征

> 全世界是一个舞台，所有的男男女女不过是一些演员。
> ——《莎士比亚》皆大欢喜 第2幕 第7场

在思考网络印象管理方法之前，有必要先理解面对面情境下的自我呈现方式。日常生活中，人们常常希望能够在某些情境下影响他人对自己的看法。有时候这些情境非常正式，具有严格的标准，如面试。而另一些情境也许比较随意，如相亲。在这两类情境下，对方对自己的印象会产生直接的结果。人们都知道给他人留下一个好印象可以帮助自己在生活中获得更多的机会，产生积极的社会、人际、职场和物质的结果。例如，一次成功的面试可能会带来更高的薪水，并获得更心仪的职位来提升工作满意度。由于自我呈现可以带来积极的结果，人们通常会花很多时间来思考和评估其他人如何看待自己。因此，人们渴望表现得很入流，以便他人能够用自己希望的方式对待自己。人们也知道自我呈现的价值存在个体差异。一些人坚信"眼见为实"，然而，对另一些人来说，在自我呈现方面做决定是纠结而痛苦的事情。并且，那些看重他人对自己评价的人会具有更高的动机，愿意在更多的情境下管理和控制印象。

"印象管理"和"自我呈现"这两个术语常被学者交替使用，因此，在

2
网络自我呈现中的人格角色

本章中也将如此。简单来说,这两个术语代表了人们通过直接的互动,以不同的方式向他人传达自己的信息或影像。印象管理可以定义为"人们控制他人对自己所形成的印象的过程",它与印象形成有所区分,印象形成指的是他人看待自己的具体内容。人们可以控制他人对不同事物形成的印象,如物体、观点,甚至是其他人。然而,印象管理常被用来描述人们如何主动影响他人对自己的印象,这也是为什么它与自我呈现是同义词。尽管人们并没有直接探讨如何留下良好的印象,因为只有在特殊的情况下人们谨慎的行为才会带来不好的印象。印象管理在形成日常行为的过程中扮演了核心的角色。事实上,人们可以简单思考一下花费了多少钱用在化妆品、减肥产品和健身器械上。如果人们丝毫不在意让自己的外表更有吸引力,那么这些产业将会很不景气。

最早研究印象管理的学者是厄尔文·戈夫曼(Erving Goffman),因此,不得不提到他的论文"日常生活中的自我呈现"。戈夫曼(1959)提出了印象管理过程与戏剧之间的类比关系来解释说明人类如何管理他人对自己的看法。在他的戏剧理论中,自我呈现是一种策略,能够"给他人传达一种他们感兴趣的印象"。戈夫曼的理论可以帮助人们理解在社会情境下如何评价自己,以及这种评价如何影响了自己的"表现"和其他个体回应自己的方式。社会"演员"的一个主要目标是表达一种积极的印象,因此,他们倾向于凸显和克制自己某些特殊的个性(如积极的和消极的情绪)。此外,个体会在特定的环境下,或针对不同的沟通对象来调整他们的表现。在他人在场的情况下,人们会着重表现那些满足群体需求和期待的方面。在很多情况下,个体会呈现出一种理想化的自我形象。个体尝试展现良好的印象时,他们也许会隐藏或淡化那些不符合完美形象的方面。

由于个体不断尝试控制他人对自己的印象,人们需要具备一种自我意识来通过他人的眼睛看自己。因此,公众自我意识(人们多大程度上考虑被他人看到的那部分自我）和个人自我意识（人们自己内在主观的对自己的认识，他人并无法直接观察到的部分）之间存在很大的区别。二者的区别可以让人们了解它们之间的冲突，即人们想让他人看到的自己和有限地表达自己的能力之间的冲突。事实上，希金斯（Higgin）的自我差异理论认为，个体的自我概念包括3部分。

（1）现实自我——个体基本的自我概念。也就是个体自己和他人认为个体具备的特性和能力（如智力、社交能力和吸引力等）。

（2）理想自我——个体自己或他人希望个体具备的特性和能力（如希望、梦想和抱负等）。

（3）应该自我——个体自己或他人认为个体有义务或责任应该具备的特性和能力（如责任义务等）。

当以上任何两种自我之间存在较大的差异时，就会产生内在冲突。例如，如果人们对责任的感知限制了对自由的追求，则无法成为人们想要成为的人，这可能会导致一定程度的情绪波动。

根据利瑞（Leary）和科瓦斯基（Kowalski）的观点，印象管理具有两个独立的过程：印象动机和印象建构。他们认为这是两个独立的过程，因为尽管某些人具有很高的动机来获得积极的印象，这并不意味着它能够产生"印象管理行为"。印象动机代表某人给他人留下良好印象的欲望，它带有某种具体的情境。例如，某人所处特定的场合，或是有他人做对比的情况下，则会认为印象动机的水平较高。又如，当人们进行公开演讲时，会比较在意他人对自己的看法（这个场景即便是很有经验的演讲者也常常会充满恐惧）。特别是在人们并非自愿地完成这个演讲任务，或是认为自己缺乏演讲技巧的情况下，这种对印象的关注甚至会被放大。经典的去个体化实验，如津巴多的"斯坦福监狱实验"，也证明了在群体中人们可能会丧失

2
网络自我呈现中的人格角色

自我意识，从而使得人们很难评估他人如何看待自己的行为。印象建构则涉及人们为了获得特定的印象而采取的行为。这个行为与人们想要留下哪种印象密切相关（如智慧、自信和迷人等），通过具体的行动表现出来（如通过穿着或说话内容）。这样一来，利瑞和科瓦斯基的理论模型解释了为什么人们在意他人如何看待自己，以及一些人可能会采取不同种类的印象管理策略。

很明显，当人们企图影响他人对自己的印象时，会有很多种可能性。换句话说，人们可以使用很多不同种类的自我呈现策略来形成人们想要的印象。正如利瑞和科瓦斯基提出的印象管理的两个组成部分模型，人们认为个体差异不仅仅存在于产生印象动机，同时也存在于印象建构的过程中。不同的人格特质可能会影响印象管理的侧重点，特别是那些关注与人交往方式的性格特质。例如，利瑞和艾伦（Allen）提出，和蔼的人特别注意自我呈现。他们善于同情与合作，因此更容易迎合他人。由于这些倾向，他们可能会希望他人对自己形成受欢迎的印象，比如，他们希望别人认为自己善良、愉悦或友好。

尽管将人格特质与自我呈现策略联系起来的研究存在一定的限制，一些研究仍然表明人格特质会影响人们呈现自己的方式。例如，李（Lee）、奎格利（Quigley）、内斯勒（Nesler）、科比特（Corbett）和泰德斯奇（Tedeschi）研究了许多种自我呈现策略，包括防御型自我呈现和提升型自我呈现。提升型自我呈现策略倾向于主动展示自己希望留下的印象，包括讨好（让他人喜欢自己以便占得先机）、威慑（包括恐吓他人使其按照自己的想法行动）和恳求（如使自己显得脆弱以便换来他人的帮助）。防御型自我呈现策略则倾向于修复那些不好的印象，包括解释（否认责任和负面事件）、道歉（通过接纳责任对已发生的负面事件表达愧疚）和合理化理由（提出最合理的解释但仍然承担负面事件的责任）。很明显，自我呈现并不一定总是积极的。人们可以让他人用自己想要的方式对待自己，然而，同时可能会受到不受欢迎的评判。如果人们尝试去威慑某人，他们的态度不会很友好，然而，仍然可能达到让他们按照自己期待的方式对待自己的目的。李等人研究的一个关键发现是，人格特质与个体采取的自我呈现策略相关。例如，存在社会焦虑的个体和外控者（即认为外部因素是影响自己生活的主要力量）更倾向于使用防御型自我呈现策略。塞得勒（Sadler）、亨戈尔（Hunger）和米勒（Miller）的进一步研究也表明，具有很强负面情绪的个体经常使用自我呈现策略。这些研究表明，焦虑的和社交技巧较弱的个体可能会更加在意他人对自己的看法，因此也更加担心自我呈现的失败。这就可以理解为什么他们会预先塑造积极的印象（如通过提升型策略），或者采取行动修复他们"被宠坏的"身份（也就是通过防御型策略）。这些研究还表明，个体人格上的差异促使人们对自我呈现动机和建构的关注有所不同。

为什么要研究网络印象管理？网络有何不同？

对于那些从来不知道没有网络的世界是什么样子的人来说，很难想象他们脱离网络要如何生活。对于绝大多数人，互联网使人们生活的许多方面变得更简单、更安全、更便捷、更有趣。很难想象脱离网络的大学生会是什么样子。学生需要完成很多困难的任务，借助网络的力量会使完成任务变得简单。学生可以通过电子邮件向讲师发送问题，搜索在线资料库获取研究论文，通过虚拟学习空间，如"魔灯"（Moodle），下载课程幻灯片和其他学习资料。互联网也使得全职工作者和需要照顾家庭的人能够自行安排学习的时间。然而，在互联网为学生带来了极大利益的同时，人们也认识到了一些教育上的后退。例如，尼克勒斯·卡尔（Nicholas Carr）在他的新书《浅谈：互联网如何影响人们的阅读、思考和记忆》(*Shallows: How*

2 网络自我呈现中的人格角色

the Internet is Changing the Way We Read, Think and Remember）中指出，互联网正在"改写"人们的大脑，在一个非常浅显的层面推动人们的学习和理解。互联网可能会影响学生去收集那些不太可靠的资料（如浏览网页而非该领域内专业的文章），并且，信息易于复制粘贴可能会增加抄袭行为。

类似的实例使得人们开始对互联网的存在产生两种矛盾的观点：一方面认可它所带来的价值；另一方面也意识到了网络的风险和陷阱。人们与他人进行链接的方式是这种矛盾的另一个实例。互联网通常被媒体谴责，认为它为欺凌者提供了更多的渠道攻击受害者。然而，另外，人们也意识到很多受到侮辱的人通过网络支持小组获得了很多收获。尽管很多问题的出现不仅仅存在于网络空间（如欺凌行为在"传统"的情境下仍然会出现），然而毫无疑问，网络世界具有一些特质，以便与线下世界相区别。尽管网络世界不应当被认为是一个同质的整体（网络世界极为多元和丰富），麦克肯纳（McKenna）、格林（Green）和格里森（Gleeson）认为，至少有4个因素使线上世界与线下世界相区分。

（1）匿名互动。

（2）降低了外表的重要性。

（3）可以控制互动的时间和速度。

（4）更容易找到和自己相似的人。

当然，还有人认为存在一些其他的因素，如有可能控制信息的生成过程。

所有这些性质为人们营造了一个环境，在这之中人们具有更多的自由度和灵活性来向他人展示自己。这些特性使线上世界的印象管理研究显得格外重要，并且暗示了尽管人们知道线下世界的自我呈现是如何实施的，并不意味着它在网络世界也同样适用。

匿名性

网络空间的匿名性是持续存在的。一方面人们可以完全暴露真实信息。一个很好的实例就是在线社交网络系统中的个人资料，如Facebook。由于在线社交网络系统使用同步数据的方式（即与用户的线下身份绑定），用户倾向于使用他们的真实姓名和照片，以便身份得到确认。另一方面，网络上的信息也可以做到完全无法追踪。尽管在Facebook上是个例外，人们会使用真实的信息，但很多其他网络空间并非如此。举例来说，人们可以偷偷访问某个留言板，不被任何人察觉（或许空间管理员除外）。在博客和聊天室中，很多人不会暴露自己的真实身份，很多互动都是在完全陌生的人们之间进行的。就算是需要公开个人信息，用户仍然可以保持一定的私密性，因为网络上互动的个体之间通常在地域上比较分散，真正能够在线下相遇的可能性很小。因此，人们还是有可能向他人隐藏自己的某些身份。匿名性带来的一个结果就是，它可能会形成一些条件，在这种条件下，人们认为展示自己的某些方面是非常舒适的事情，因为这里不再是自己真实生活的衍生品。事实上，苏勒（Suler）更详细地描述了"网络抑制消除"效应，并认为"分散的匿名性"是网络抑制消除的关键因素（包括"良性抑制消除"和自我暴露个人信息的倾向）。很多人认为网络世界与线下世界天南地北，很容易从网络活动中抽离出来。人们在网络上的行为并不一定暗示着在线下世界仍然如此。因此，匿名性让人们可以更自由地表达自己——人们不需要一直带着线下世界所特有的角色面具。

降低外表的重要性

由于人们无法经常见到和听到网络互动的伙伴（绝大多数在线沟通方式都是以文本为基础的），每个人都可以掩盖或替换他们的真实存在。颜值

网络自我呈现中的人格角色

高的人在线下世界比较有优势,因为他们经常被其他的社会成员所喜爱(人们倾向于认为他们更受欢迎、更聪明)。而互联网则为那些颜值不够高的人提供了施展空间。例如,在线交友网站上的用户可以将自己描述得高一些、瘦一些等。然而,这些描述会有一定的限制,人们并不想在第一次真实见面时被拆穿。艾莉森(Ellison)、海诺(Heino)和吉布斯(Gibbs)认为,在线交友用户需要仔细在真实的自我(以防他们真正见面)与希望他人看到的自我(以便他们吸引到潜在对象)之间进行权衡。尽管在线交友用户通常不会直接编造自己的身份,但他们也许会夸大真实的长处,以便使自己更有吸引力。比如,某人可能介绍自己喜欢多种社会认可的活动(如说自己喜欢徒步、冲浪和滑雪等户外运动),尽管他们也许很少真正参与这些活动。人们也可能会使用照片编辑软件,从一个最佳角度来拍摄自己的头像。此外,由于很多在线空间并不要求用户填写真实身份,那些被外表所束缚的人也许会更多地和他人进行互动,而不必担心自己被人评判。

控制互动的时间和节奏

在线沟通可以既同步又不同步。同步的沟通是即时的,收到的反馈没有延迟。非同步的沟通在发送信息与收到回复之间有一段延迟。如电子邮件,尽管可能在几分钟之内收到回复,但通常可能会在几小时、几天,甚至几周之后才有回复。尽管即时沟通(如聊天室)也许会更快收到回复,但仍然存在一定的时间差,因为在信息产生的过程中人们无法接触到它(也就是说只有当对方单击"发送"按钮之后,人们才能收到完整的信息)。因此,也许只有通过网络语音系统(如Skype)才能够实现真正的即时沟通。由于绝大多数的在线沟通方式都是非即时的(或部分即时),这意味着有更多的时间去思考该说什么。比如说,人们可以在正式发送邮件之前仔细阅读并进行修改。这为人们提供了展示最佳自我的空间,正如沃尔特(Walther)的"超个人"沟通理论所言。尽管早期的科技媒介沟通视角认为，由于社会和关系网络的减少，人们会觉得网络社交很难产生与他人之间的链接，沃尔特则认为在线沟通其实可以超越面对面沟通。面对面沟通时，一旦留下了印象则很难收回，而在网络世界中，人们有足够的时间和空间去仔细思考自己想通过信息传达什么内容。最终这将导致他人对自己产生更多的积极印象。

更容易找到与自己相似的人

这个规则也许更适用于那些具有特定兴趣的个体。假如你是一个"星球大战"纪念品的收藏爱好者，这是一项十分酷的爱好，绝不会有朋友因此而嘲笑你，然而，你是否很容易在你身边找到有同样爱好的人呢？相信一定有办法可以计算出星球大战纪念品收藏爱好者的分布人数，然而，这些人在社会中并不占大多数。互联网则提供了大量的机会让这些具有某种爱好的人互相联系，如通过论坛和博客圈。这样一来，可以很容易通过网络找到和自己有共同爱好的人。甚至是有些人会觉得更容易将自己的一些方面展示给他人。比如，有些人的兴趣爱好无法被主流社会所接纳，他们会觉得更容易和那些与自己有共同爱好的人进行分享。

掌控信息的生成

最后，由于 Web 2.0 的出现，互联网已经成为一个开放的空间，每个人都可以自主发布内容，而不仅仅是被动的信息接收者。即便是计算机初学者也可以建立自己的在线档案（如通过在线社交网站或博客平台），这并不需要专业的技术。社交媒体的一个关键特点是，用户可以在很大程度上控制他们生成的信息。在线下世界，人们会受到很多条件的束缚，无法更加随意地展示自己。例如，如果某人很害羞或存在社交恐惧，将很难给人留下自信的印象。人们被自己的性格束缚，同样也会受到社会的束缚。比

网络自我呈现中的人格角色

如，社会规范可能会阻止人们为所欲为。然而，相反地，网络世界可以让人们更自由地表达，因为不会受到同样的限制，可以更大限度地掌控自己生成的信息。

在线人格及身份管理

人格即"人的性格"，它影响个体在不同情境下的认知、动机和行为。在网络世界中，人们通过呈现自己和与他人互动的方式留下他们的人格线索。例如，人们可以通过透露兴趣爱好或选择照片来进行认定宣誓。人格也可能会通过行为残留这种更直接的方式表现出来。一些不经意的线索，如语言的选择，也许会暗示他是哪一类人。而他人则会有意无意地注意这些线索。更重要的是这些线索对人们产生的影响。由于人格对于世界观和某些行为的动机具有很大的影响（如外向的人可能会喜欢与人打交道的活动），因此，个体差异也会影响在线行为的动机。已有大量研究建立了用户在线行为和人格差异之间的关系模型。然而，对于人格影响网络自我呈现的研究尚且不足。

尽管理解人格具有很多种方法，这里主要探讨人格特质理论，以便研究不同的人格特质如何影响不同的网络印象管理策略。简单来说，人格特质就是"由个体间差异所表现出的相对一致的思维、感觉和行为方式"。特质与状态有所不同，状态是一种临时的感觉或行为，会随着时间和情境的变化而改变（如情绪状态）。尽管学术界有很多争论，绝大多数理论认为人的人格是相对稳定的，很难随着时间和社会情境发生变化。假如，你现在是一个内向的人，在10年或20年后你仍然如此，并且会在很多环境中表现出一些内向人格所具有的行为和个性（如害羞）。接下来探讨一些特定的人格特质，以及这些特质如何影响了人们在网络环境中不同的印象管理方式。

自尊

自尊是个体对自我价值的描述。自尊包括个人信念（如"我是有价值的社会成员"），以及与自我价值感相关的情绪，如自豪与羞愧。自尊与社会比较理论存在复杂的联系，因为人们常常通过与他人进行比较来评价自己。事实上，如果认为自己不如他人（向上社会比较），会带来负面的自尊感；而认为自己比他人有优势（向下社会比较），则会带来积极的自尊感。自尊涉及对性格很多方面的评估，包括社会能力、外表和才能（如智力）。许多心理学家认为自尊也是一种人格特质，因为它也是人们一种长久的性格。事实上，有许多量表可以测量自尊特质，包括著名的罗森伯格自尊量表（1965），被试者需要在4级量表上回答10个问题（如总的来说，我对自己是满意的）。

自尊是形成网络自我呈现策略的重要特质。网络世界既可以支持社会提升（富者更富的假设），也可以支持社会补偿（穷者变富的假设）。换句话说，在线下世界无论是富有还是匮乏的群体（以社会交往能力为例）都可以利用网络增加社会资本（也就是说可以从他人那里获得资源和利益）。例如，具有较低自尊的人或许可以通过好评和点赞获得积极的反馈，以此来提升自我价值感。具有较高自尊的人可以通过同样的方式维持或增强积极的自我价值感。在很多网络空间同样可以增加社会比较。例如，通过社交媒体，人们被充分暴露在积极的环境中（如他们的成就），可能会导致向上社会比较；同时也会暴露在消极环境中（如失败与失望），这会导致向下社会比较。哈佛坎普（Haferkamp）和克雷默（Kramer）的研究说明了浏览用户的美照可能导致对身体的负面评价，浏览其他成功人士资料的男性可能会对自己的成就评价较低。网络世界的社会比较十分普遍，也许是由于Facebook这类的网站将社会关系放在了显微镜下进行放大。然而，很少

2
网络自我呈现中的人格角色

有人研究它与人格之间的关系，特别是个体如何评估社会比较信息。例如，人类需要自尊，如果自我受到威胁，会采取一些维持或提升自我价值感的行动。因此，是否可以认为，具有较低自尊的人，当其暴露在威胁到自我价值感的环境中时，倾向于采用防御型策略（如删除评论或不上传质量一般的照片）？

人们可以观察到社会补偿与社会提升现象的证据。乔伊森（Joinson）研究发现，低自尊人群更喜欢使用电子邮件进行沟通，特别是当沟通内容涉及他人的看法时（如请求加薪或约会）。他认为也许这是因为电子邮件对低自尊人群的自我呈现更有益。例如，他们可以掌握沟通的节奏并隐藏社交中的负面信息，如紧张感。麦迪扎德（Mehdizadeh）发现，自尊感较低的人群会在Facebook上花费更多的时间，进行自我价值提升的活动，如修改他们的主页照片。换句话说，他们会对上传的照片进行选择，并且往往会使用照片编辑软件。这被看做是一种自我呈现策略，可以帮助较低自尊人群展示给他人一幅理想中的形象。茨威卡（Zywica）与达诺斯基（Danowski）认为，低自尊的Facebook用户采用了很多不同的自我呈现策略。例如，他们更喜欢与网友分享自己的某些方面，在网络上更多地表达自己，揭示更多的信息，夸张和修饰自己，并参与更多让自己受欢迎的活动。他们认为，这些行为象征着他们企图提升自我形象，这支持了社会补偿假设。最后，巴恩西克（Banczyk）、克雷默和斯诺克利维亚（Senokozlieva）的研究发现，高自尊的MySpace用户比起低自尊用户会使用更多词汇来表述自己，还会在个人档案中加入更多的名人图片。这说明高自尊人群倾向于采用更加复杂与自信的自我呈现策略，这支持了社会提升假设。

大五类人格特质

心理学中最常用的人格特质分类法是五因素理论，也被称为"大五类人格特质"。该模型提出了5种相互独立的人格维度：开放性（Openness）、严谨性（Conscientiousness）、外向性（Extraversion）、宜人性（Agreeableness）和神经质（Neuroticism）。一般记忆为"OCEAN"（海洋。——译者注）。开放性得分较高的人，其性格通常表现为具有想象力、洞察力和好奇心，兴趣广泛。严谨性得分较高的群体倾向于一丝不苟，体贴，有组织，能够克制冲动。外向性人格更宜社交，充满活力，健谈，坚定，并且善于表达情绪。宜人性人格更体贴他人，无私，有同情心，和蔼可亲，友好。神经质得分较高的个体缺少情绪稳定性，更容易感受到焦虑、喜怒无常与悲伤。每个人在这5个维度上可能会得到任意的分数。例如外向性，某人可能会得出完全外向和完全内向（如安静的、沉稳的、保守的）之间的任何一个分数；然而，绝大多数人不会具有非常极端的某种特质。

考虑到与大五类人格特质相关的不同性格，以及它们如何影响了对自己和他人的看法，每一种人格类型应该具有不同的在线印象管理行为模式。很多关于人格与自我呈现策略的研究都以社交网站为研究对象。然而，利用社交网站进行网络印象管理策略的调查存在一个问题，即它与人们的线下世界密切相关。被调查者会实名参与（他们的身份很容易被识别）。实名互动会产生一个结果，即参与调查者会精确地呈现一个真实的自己。因为如果人们彼此熟悉，在网络空间展示一个和现实世界完全不同的自己可能会让对方感觉有些奇怪。人们知道网络可以产生社会提升。例如，社交技能较弱的个体可以弥补线下世界限制他们的很多因素。而当进行实名或是同步数据式的网络社交时，则无法提供给他们自由控制自我呈现的环境。

不难想象，很多通过社交网络进行的人格与自我呈现的研究均表明，

2

网络自我呈现中的人格角色

个体通常会展现出与线下世界相同的人格特质。事实上，戈斯林（Gosling）等人认为，"社交网络并非人们逃避现实的空间，而是一个微观的现实社会"。然而，一些其他研究则认为，内向型的个体可以从网络世界获益。例如，内向型的人通常会有更详细的 Facebook 资料，尽管他们的好友没有外向型人多。这也许是因为他们需要补偿线下世界所缺失的社交技能，并准备在网络世界努力提升自己。这一发现解释了先前研究表明的内向型人格更容易在网络世界找到"真实的自我"（他们更容易在网络上表达真实的自己）。内向型个体在线下世界容易受到自身人格的限制，因为他们害羞，所以会觉得提升自我和交朋友很困难。然而，网络世界是一个很好的平衡器，因为他们的人格不会再限制他们。比如，害羞的人在进行社会互动时会担心自己如何与他人沟通，然而网络世界的人们几乎是"隐形"的（绝大多数在在线沟通中人们无法看到彼此），他们便不再担心这些问题。进一步的研究表明，内向的青少年更愿意在网络上进行身份试验，他们会尝试几种不同的身份（如更轻浮、更老成等）。尽管这是一种伪装，然而这些发现与社会提升假设相关联。也就是说，内向型个体在网络世界可以补偿他们所缺失的表达自我的能力。

如果说社交网络上的自我呈现受到固定关系的限制，那么其他的网络空间或许并非如此。福伍德（Fullwood）关于博客圈的调查显示，宜人型博主更容易"有选择地发布"内容。他们更容易发布精确的信息，因为这样可以选择他们想要展现的身份。甚至，他们认为博客比社交网站更具有此特点，因为博主们更容易匿名沟通。由于他们希望被其他人喜欢，宜人型的个体可能会选择性地发布信息（如成就）来展示自己最好的一面，这也支持了社会提升假设。也就是说他们在使用策略，通过展示自己受欢迎的一面来塑造他人对自己的印象。瓜达尼奥（Guadagno）、奥科蒂（Okdie）和伊诺（Eno）也指出，开放性是博主们的一项特殊特质。这也许是因为他们有很大的自由来通过博客表达自己。事实上，福伍德等指出，开放型的博主具有自我表达的需求和动机。除此之外，博客还允许用户展示自己的智慧、机智及创造力，以此来塑造他人对自己的印象。

在线约会的舞台上，宜人性、严谨性和开放性都存在对自我的差异化呈现，外向型则不会如此，说明他们对自己是谁感到满意，或者他们期待他人被自己的人格魅力所吸引。不太谨慎的个体更容易编造自己的身份，或许是因为他们并不在意自己当前的行为对未来造成的影响。宜人性更高的个体不容易歪曲身份，或许是因为这类人普遍非常受欢迎，并能考虑他人的利益，因此并不想造成他人的误解。最后，开放型较低的人更容易编造身份，这也许是一种社会补偿现象——他们会采用策略使自己表现得更有吸引力，如更有智慧，更爱冒险，或者更有意思。

自恋

自恋一词来自希腊神话中的人物纳西索斯,他爱上了自己水中的倒影,对任何姑娘都不动心。自恋型人格特质的特点是过分关注自己，表现为认为自己更有优越性，需要被人崇拜，自我价值感膨胀。由于他们对崇拜的需求，自恋型人格也更容易吹嘘和自大。绝大多数的自恋理论模型指出，这类人倾向于通过与他人的关系形成自尊。然而他们的关系特点往往是肤浅的，缺少亲密性。他们通过与他人的关系来寻求自我提升，而不是维持有意义的长期的承诺关系。比如，将自己定位为迷人的、成功的、高地位的人（通过有身份的伙伴和朋友数量来展示）。

通过研究自恋人群网络自我呈现策略，可以揭示出一些有趣的行为模式。例如，人们有理由认为自恋人群对社交媒体具有积极的态度。首先，社交媒体可以提供给他们足够的机会公开放大自己的成就。其次，由于自恋人群寻求浅层的关系，社交媒体网站（如 Facebook 和 Twitter）可以很好地提供这样的服务——他们不需要和其他人进行深层互动，社交可以通过

2

网络自我呈现中的人格角色

具有的"好友"或"粉丝"数量来实现。最后,自恋人群可以通过很多方式满足崇拜的需求,例如,通过点赞的数量来证明自己的成功。点赞人数的公开化可以帮助自恋人群通过与他人的关系进行自我提升。

研究表明,自恋人群不仅仅喜欢使用社交媒体网站,他们在使用过程中还会采用非常明显的自我呈现策略。麦迪扎德指出,自恋型个体会花更多的时间登录社交网站,并参与更多的自我提升活动,例如,他们会发更多的照片,并使用图片处理软件来提升自我形象。翁(Ong)等人的研究表明,自恋人群更新状态的次数更多,并且会上传更多有魅力的图片资料。巴法蒂(Buffardi)与坎贝尔(Campbell)研究发现,自恋人群的自我呈现的主体与客体特征与其他人群具有差异。其主体特征为,他们具有的朋友数量较多,并且会发布更多的消息。然而,自恋人群在"关于我"一栏并不会写太多关于自己的内容——或许是因为这一栏被许多 Facebook 用户认为是多余的。而主体特征为,根据独立编码器的记录,自恋人群的档案包括更多的自我提升信息及引用语,更多有魅力的性感图片。这并不意味着自恋人群更有吸引力,相反,正如研究表明,他们并不吸引人。巴法蒂与坎贝尔指出,他们或许是在有意识地上传那些拍摄角度比较吸引人的图片。

总体来说,自恋人群喜爱使用社交媒体,这是因为社交媒体可以让他们有策略地编辑自我呈现的内容(以此来进行自我提升),这也满足了他们对注意力的需求。然而,尽管它们可以控制自我呈现的内容,并不意味着他人会对这类人群具有积极的印象。事实上,巴法蒂与坎贝尔发现,尽管自恋人群的个人资料从个人主体印象来说处于较高的等级(也就是更自信,地位较高,较热情),然而,从社会公共印象角度来说,他们的等级较低(普遍认为他们不宜合作,缺少友好、善良及和蔼)。有趣的是,巴法蒂与坎贝尔进一步推测了自恋人格通过社交网站进行自我提升的影响。由于自恋人群是非常活跃的用户，Facebook上的其他用户更容易接触到自恋的人。这是否意味着社交媒体的自我表达标准将被"引至普遍自我提升的方向"？伯格曼（Bergman）、菲灵顿（Fearrington）、戴文伯特（Davenport）和贝格曼（Begman）近期的研究表明，也许事实正是如此。尽管千禧一代（生于网络时代的年轻人）的自恋人群的特征主要表现在喜欢使用社交网站（他们喜欢有更多的朋友），这并不能直接解释为通过这些网站而产生的刻意的行为。例如，非自恋人群也会和自恋人群有同样多的更新状态频率，上传同样多的照片，具有同样多的朋友。也许这意味着，随着时间的推移，自恋式的自我提升将会成为社交网站的标准。

结论与未来研究方向

在网络空间，人们或多或少地都可以控制自己呈现给他人的印象。例如，人们可以有策略地调整自己的在线档案，或发布一张角度很好的照片。有些人非常在意他人对自己的看法。对这些人来说，互联网具有得天独厚的印象管理优势。本章中介绍的研究指出，缺乏社交技能的个体可以在网络空间获得更多的自我呈现方式，这解释了社会补偿假设。例如，内向和低自尊个体可以通过网络空间向他人展示积极的个人形象（如通过选择上传的照片）。然而，研究同时发现社会提升假设的支持。因此，那些具有足够机会在线下时间提升自己的个体，在网络世界可以更进一步地向他人展示自己的积极品质。例如，自恋人群喜欢利用社交网站作为与他人关系的补充工具来进行自我提升。研究更多地聚焦于印象建构，而非印象动机。因此尽管网络用户刻意的自我呈现策略在某种程度上有所研究，人们对导致这些行为的动机，以及这些行为如何随着不同的人格特质而发生变化却了解甚少。

网络自我呈现中的人格角色

这一领域中大多数研究也关注社交网站上的自我呈现策略。然而，由于社交网站与线下世界联系紧密，并无法完全了解网络自我呈现的行为。换句话说，个体会受到其身份的限制。因此，下一步研究应当调查匿名网络环境下的印象管理，例如，博客网站和聊天室，在这些环境下身份限制或许不存在。研究普遍考虑到独立的个人网络空间。网络世界具有丰富的多样性，无法将其看作统一的整体。例如，聊天室中的用户更喜欢与陌生人和从未沟通过的用户进行互动。尽管不同的人格类型喜欢特定的网络环境，仍然可以认为不同的人格在不同的网络空间会产生不同的自我呈现策略。例如，尽管内向型的人可能会在聊天室中展现完全不同的身份（因为他们正在和陌生人聊天），他们可以利用社交网站，在已有的社交网络基础上，通过细微的自我呈现形式增加社交资本。社交网络可以提供一个理想的环境来表达"可能的自己"，因为这些表达是人们希望自己具有的，而非歪曲自身的形象。因此可以认为，沟通情境对于不同人格类型如何自我呈现起到决定性的重要作用。进一步的研究应当同时调查不同人格类型在多种网络环境中的动机。

最后，应当进一步思考不同人格类型印象管理行为产生的结果。一些研究表明，已经发现缺乏社交技能的个体如何通过网络世界获益。例如，斯坦菲尔德（Steinfield）、艾莉森（Ellison）和兰佩（Lampe）的成果揭示了低自尊个体如何比高自尊人群从Facebook上获得更多社会资本。然而，关于不同的自我呈现策略如何影响他人形成对自己的印象，以及相关的心理学含义，人们所知相对较少（如主观幸福感）。

本章小结

- 对印象管理的关注在日常行为塑造过程中扮演着关键的角色。

- 影响他人对自己的印象可能导致很多积极的结果（物质的、社会的和职业的）。

- 印象管理包括两个独立的过程：印象动机和印象建构。

- 个体会采取多种印象管理策略来影响他人对自己的看法，包括防御型和主动型策略。

- 自我呈现的侧重点在个体之间存在差异。

- 网络具有很多特点，会影响人们与他人沟通和展现自己的方式（如匿名性）。

- 在网络世界可以更多地控制对自我呈现内容的编辑。

- 人格会影响人们看待世界的方式及不同行为的动机。

- 个人的性格特质会影响在网络空间展示自己的方式。

- 互联网用户的自我呈现行为说明了社会补偿和社会提升假设。

- 情境是决定人格塑造不同自我呈现行为的决定性因素。

3 年龄和目标：是什么决定了互联网的使用？

艾莉森·艾特瑞尔（Alison Attrill）
英国伍尔弗汉普顿大学

导论

如今，西方社会几乎每家每户都在使用互联网，无论是个人计算机、游戏还是手机，很少有人完全脱离互联网而生活。然而，从互联网诞生的那一刻起，就有研究尝试证明，只有年轻人喜欢并有能力使用高科技，年长的人们则觉得自己跟不上科技的脚步。艾薇·比恩（Ivy Bean）是Facebook上年纪最大的用户（102岁），在她104岁的时候又注册了推特，充分推翻了互联网只是年轻人的乐园的观念。越来越多的老年人使用现代科技和自己的亲人朋友联络，无论是视频聊天、电子邮件，还是用手机发送照片等，尽管这代人在互联网上的人数不一定大幅增长，但他们正在努力跟上数字时代。然而，很多研究仍然尝试证明年龄是影响互联网使用的重要因素。本章将尝试推翻这个观念，从另一个视角思考互联网使用，也就是目标导向的、需求驱动的、动机行为使用。同时，互联网同质性的观念认为，互联网用户在不同类型网站上的行为是类似的，本章也将推翻这个观点。互联网上充斥着不同的行为方式，如购物、理财、社交、约会、游戏、寻求健康信息和网络咨询等。一些研究倾向于认为这些网络行为具有相似性。人们可以思考一下自己的线上和线下行为，不同的需求、动机和心理过程在线下环境中会产生很多不同的行为方式。为何要认为网络环境中的行为可以用一种模式来解读呢？此外，在线下环境中，个体会通过改变行为方式来适应社会角色和环境因素，需要思考在网络环境中是否也如此。这些问题将通过人类需求的视角来解释。人们有理由认为，人类通过互联网满足需求的过程与线下环境中通过多种方式满足安全需求的过程是类似的。数字代沟是一个很好的切入点，可以通过年龄差异思考哪些人群经常使用互联网，或者将视角转向为什么不同年龄阶段的用户会采用不同的互联网使用方式。

数字代沟

"代沟"这个词被用来形容"年轻一代与前辈之间的差异——特别是在音乐品位、时尚、文化和政治方面的理解"。换句话说，互联网上的很多行为都存在年龄差异。流行文化、大众媒介和研究者尝试根据年龄对用户进行分类、定义和贴标签，反映出科技对他们生活的影响程度。例如，一个流行的标签是"网络世代"（Net-Generation）（或称 N 世代，Net-Gen，N-Gen），泰斯考特（Tapscott）将它们定义为 1977 年至 1996 年期间出生的人群。他们是"第一代完全生活在数字和科技影响下的人"。1997 年以后出生的人被称为"下一代"（Generation Next），他们不知道科技出现之前是什么样子。另一些人的年代划分稍有不同。这种分类方式使得大众传媒和研究者认为，互联网是成长在科技年代的人们进行社会互动的场所。尽管一些研究者支持这种观点，然而也开始出现一些反对意见。例如，阿特瑞尔（Attrill）

3
年龄和目标：是什么决定了互联网的使用？

和加利（Jalil）发现，同龄人中在校生和非在校生在网络上自我表露的方式没有显著差异，说明数字代沟并非普遍现象。

通过分析已有研究，不难发现，目前的研究大多集中于单一的互联网活动，没有探索更深层次的与之相关的行为。最近，大量的研究开始思考如谁在使用社交媒体、谁爱网购等问题，并发现不同年龄组在不同网站使用上的行为差异较少。这里缺少关于老年人使用不同种类网站的研究。由于老年人的社交网络范围很可能不断减少，因此，十分有必要研究他们在互联网上通过社交建立社会资本的方式。耶格（Jaeger）和谢（Xie）认为，在互联网用户的年龄差异不断缩小的情况下，竟然还没有足够的研究关注老年人的互联网使用行为，实在令人诧异。年龄差异缩小是世界范围的趋势。在美国，1/4 的网民年龄在 55 岁以上，这个年龄组在家里使用互联网的数量在 3 年内增长了一倍。因此，再去研究互联网使用的年龄差异仿佛有些过时，应当转而关注不同类型网站中人们的行为差别。毕竟，如果一个人想要在网上理财，肯定不会去访问交友网站。当然，在某些网络活动中可能存在年龄差异，如网络购物，年长的人可能对于在网上填写自己的银行和个人信息保持谨慎的态度。然而，互联网是很多人类活动的工具，包括教育、商务和娱乐等，人们可以通过互联网满足不同的需求。个人需求的差异不仅仅来自个性、环境和经济等因素影响，也可能受到年龄、特定的目标和需要的影响。因此，关键问题不是不同年龄段的人是否适用互联网，而是他们的使用方式有所不同。本章接下来的内容将会讨论年龄并非网络使用的主要差异来源，目标、需求和动机才是。为了说明这个观点，接下来讨论几种互联网活动，分别为非特定使用、社交网络和沟通。

非特定使用

很多研究认为网络信息沟通技术的使用存在代沟。根据皮尤研究中心（Pew Internet）和美国生命项目（American Life Project）2001年的研究，20～30岁的群体的互联网使用频率最高。2001年以后，世界互联网使用的人员构成发生了显著变化。在考虑互联网使用者这个问题时需要增加很多因素，如在哪里使用、为什么及做什么等。本章的目的是揭示过去基于年龄差异研究的局限性，人们需要换一种方式理解互联网使用。

互联网使用率随着年龄增长呈下降趋势。利文斯顿（Livingstone）、凡·库夫林（Van Couvering）和苏明（Thumim）研究表示，55～64岁群体的互联网使用率是52%，而65岁以上群体的互联网使用率是15%。另一项研究表明，在澳大利亚和挪威，不使用互联网的人群大多在45岁以上。比利时的一项研究也表明，55～64岁的人群中48%不使用互联网，65岁以上的比例为76%。表面看来，互联网使用的代沟在西方社会是一个普遍现象。然而，一些证据表明，55岁以上，甚至是60岁以上的互联网使用者也在逐年增加。老年人更多地在家中使用互联网，上网的目的多为收发电子邮件，以及寻找与兴趣相关的信息和新闻。这表明所谓的数字代沟或许并不存在，而是不同的年龄段会有不同的互联网使用目的。并且，随着技术的不断完善，互联网使用从过去的不稳定变得越来越简单、可靠，用户逐渐通过计算机形成巨大的关系网。而以上提到的很多研究发生在互联网普及之前，因此，研究者也需要跟上互联网发展的脚步。接下来将探讨目标导向互联网使用方面的研究。

— 3 —
年龄和目标：是什么决定了互联网的使用？

计算机媒介沟通

以计算机为媒介的沟通（CMC）发生在两个人通过电子设备进行沟通的时刻。本章中的 CMC 主要是指互联网，如电子邮件、即时通信和聊天室等。理解用户使用 CMC 的模型较为复杂。很多研究比较了线上与线下的行为倾向性，例如，青少年用户不仅比成年人更喜欢使用网络沟通和维持关系，同时也更喜欢通过网络与陌生人建立关系。还有研究表明青少年在即时通信和聊天网站上登录的频率更高。这并不是说成年人，如 30 岁以上的群体不使用 CMC。相反，研究表明，年长一些的人会使用其他形式的 CMC。Seniors Online 的一项研究发现，年长的人更多地使用电子邮件。50～64 岁年龄段的人经常使用互联网作为维持家庭关系的工具，或是完成与工作相关的活动。他们对互联网的使用只是在程度上与青少年有区别。

社交网络

20 年前，在线社交网站的概念对人们来说还很陌生。一些人或许曾经在博客或 BBS 上灌水，那时 Facebook 这类网站还没有成为大众的社交工具。如今，不使用社交网站的人成为了少数，无论哪个年龄段。目前很多研究都已围绕 Facebook 作为主要研究对象。社交网站最初的目的是方便大学生社交，然而，随着它的不断普及，人们盲目地认为社交网站在年轻人中更加流行。法伊尔（Pfeil）、阿让（Arjan）和帕纳约蒂斯·扎西利斯（Panayiotis Zaphiris）将社交网站使用的年龄假设总结如下：

……年轻人比老年人更喜欢使用社交软件，如博客、社交网站和在线

互联网心理学：寻找另一个自己

沟通工具等，由此产生了代际之间的"数字代沟"。与其他信息与沟通技术（ICT）类似，社交网站的主要目标用户是年轻人（法伊尔等，2009，p.643）。

这个假设并非完全没有理由，因为近期的一项研究显示 55 岁以上的人很少使用 Facebook。然而，法伊尔等人也指出，有一些社交网站是专门针对老年人的。因此，这说明并非某些年龄段的人不使用社交网站，而是人们根据自己的需要选择特定的网站。来自 Facebook 自身的统计数据表明，美国地区的用户并不存在显著的年龄代沟。根据后台统计的某个月用户注册人数发现，35～54 岁的用户占 33.5%，18～24 岁的用户占 34%，12～17 岁的用户占 14%。25～34 岁的用户占 8.6%，55 岁以上的用户占 7.6%。这一结果或许会让人误以为用户存在年龄差异。然而，它仅仅表示了在这一个月中不同年龄段用户注册的数量，并且在此之前 Facebook 的用户只面向大学生。近几年，西方国家无论哪个年龄段都会使用 Facebook。尽管很多国家并不以 Facebook 作为主要的社交网站，但研究发现它们也会有本土的社交网站。例如，中国的 QQ 空间拥有超过 6 亿用户，印度和巴西最常用的社交网站是 Orkut。这也说明，除了年龄，还有很多其他的因素影响社交网站的使用。因此，应该关注不同年龄段的人使用互联网时的行为差异，而非仅仅关注某个年龄段是否使用社交网站。例如，哪个年龄段的用户喜欢更新状态，哪个年龄段的用户喜欢发照片和视频，以及哪个年龄段的用户喜欢用网络建立、维持和发展关系等。然而，仅有的研究也只是关注 SNS 用户朋友和熟人及互动关系。青少年更喜欢使用社交网络建立关系，无论是和生活中的朋友还是陌生人。塞耶（Thayer）和雷（Ray）的研究也发现，最年轻的用户组花在网络沟通的时间要多于其他年龄组。一些研究表明人们更喜欢用网络来维持已有的关系，而非寻找新的关系，也说明年龄差异可能表现在社交网站上加好友的类别。

另一项关于 SNS 的研究是用户如何通过 SNS 与已有的朋友进行互动，

年龄和目标：是什么决定了互联网的使用？

例如，使用更新状态，发布照片、视频和在线聊天等功能。研究表明十几岁的青少年回复评论的次数要多于年长的用户。这说明年轻用户更喜欢在 SNS 上交换自己的想法和发表评论。然而需要知道的是，社交网站用户的年龄差异正在缩小，老年人与年轻人一样喜欢使用社交网站，只不过在网站选择和使用方式上更倾向于以自己的需求为导向，并且个体之间在使用方式上也存在差异。导致差异的主要因素并非仅仅是年龄，还包括个人需求和行为目标等。

如果不是年龄，是什么导致了数字代沟？

现在，需要考虑影响互联网行为的不同因素。斯科菲尔德－克拉克（Schofield-Clark）提出，早期研究者发现的数字代沟或许是由于年轻一代与老一代之间对数字设备使用经验上的差异造成的。由于对科技理解的差异，导致老一代的人喜欢在自己的舒适区使用互联网，而不是去学习新的技能。正是这种舒适区反映出网络使用行为与目标或需求相关，而非具有数字代沟。如果真的如此，那么它不仅仅适用于老一代不擅长使用数字技术的人群，同样也适用于擅长使用数字技术的年轻人。某个用户登录某网站或许是因为一些特定的原因，如购买某项产品，另一个用户可能会浏览其他不同的网站对比同一种商品的价格。这两个人进行的都是目标导向的行为（购买某个产品），然而，第二个用户可能更愿意走出舒适区。这种行为上的差异与两个人的年龄或许并无关系。

阿克曼（Akman）和米什拉（Mishra）的研究也支持这个观点。他们对一个专业机构的调查显示，40 岁以上的员工比 40 岁以下的员工更经常使用互联网。这反映出年长的员工具有使用互联网工作的能力。然而，这也说明了研究在线行为差异性的另一个关键因素，即样本的选择。张（Zhang）指出，很多研究选择的研究对象都来自特定的群体，例如，阿克曼和米什拉的研究仅选择了一个组织内的员工。需要从理论角度思考不同样本带来的不同结果。因此，接下来简单探讨一下迄今为止都有哪些理论和模型可以应用于理解在线行为的差异。

理论模型与视角

巴奇（Bargh）和麦克肯纳（McKenna）指出，使用与满足理论可以用来解释在线行为。某个人带着特定的目标使用互联网，并尝试通过网络满足这个目标。个人的目标和需求决定了他们如何使用互联网，并且，不同类型网站的社会背景也会影响在线互动的质量，需求和目标决定了社会背景对互联网使用满足感的影响。这些理论说明互联网使用并非随机的、漫无目的的行为，这个目标并非总是外在的动力。假如，你为了完成某个作业在网上浏览一篇论文，你也许正受到外部力量的驱动（如你的导师要求你阅读这篇论文），而不是内部力量的驱动（自己非常好奇这个问题，想要多了解一些）。这两类行为目标都是由需求驱动的，一种需求是外部的，另一种需求则是内部的。人类具有很多的内/外部需求，由一系列心理过程驱动。接下来将仔细探讨人类的需求，特别是人们如何通过在线互动满足他们不同类型的需求。

人类需求与归属感

鲍迈斯特（Baumeister）和利瑞（Leary）指出，人类基本的需求是归属感。也就是需要与他人发展长期重要关系。满足这一需求需要具备两

3
年龄和目标：是什么决定了互联网的使用？

个因素：（1）经常与他人进行积极的互动；（2）这些互动具有稳定性和持续性，以便提升关怀感。鲍迈斯特和利瑞将其称为"归属感"，这是与温饱和其他生存所必需的决定因素同等重要的需求。寻求归属感的动机受到很多因素的驱使，包括感觉、认知和行为结果等。这个理论早在1968年就在马斯洛的需求层次理论中提出，包尔贝（Bowlby）也曾指出人类需要形成和维持社会关系。然而，所有这些概念都具有一个共性——缺乏归属感将导致负面的情感、认知和行为结果，包括压力、焦虑和心理问题。鲍迈斯特和利瑞认为，个体以寻求归属感为目标来建立关系，以便规避这些后果。曾经，建立关系是非常耗时的事情，然而，互联网的出现使得人们动动手指就可以认识朋友，甚至是发展恋情。一些人会通过网络弥补自己线下关系的不足来寻找归属感。

可以通过分析线下世界受到排挤的人的自我感知来了解这个问题。这种排挤可能会涉及各个方面，如性取向、政治立场、宗教信仰、疾病和残疾等。他们在线下世界可能会感到被孤立，但仍然可能在网络上寻找社会归属感。如果人们这样使用互联网，则他们不仅仅把互联网当做一个工具，而是也参与到符合需求的网络环境形成的过程当中。因此，互联网可以看做是两个互惠的工具：人们使用他满足自己的需求，它也需要人们对它的投入来保证其功能。也就是说，如果事实如鲍迈斯特和利瑞所说，归属感需要通过互动或基于分享经验和亲密感来实现，那么互联网或许并不能为个体带来归属感。尽管通过互联网可以很方便创造机会交朋友，然而它并不适合形成长期的柏拉图或恋爱关系，特别是完全线上的关系。例如，Facebook上的好友上限是5000人，而在线下世界中维持20个关系紧密的朋友都是一件很难的事情。因此问题在于，有多少线上的"友谊"可以达到满足人类归属感的需求？尽管鲍迈斯特和利瑞提出，关系的形成可能有多种原因，然而他们也指出，想要得到归属感，必须要具有一定的常规接触。社交网站上的朋友是真的朋友吗？他们是否可以算作提供归属感的社会链接？是否需要思考人类在计算机沟通的时代如何寻求归属感？无论如何回答这些问题，有一个结论是肯定的：不同的人会以不同的方法使用互联网不同的特性来满足社会归属感，或帮助自己实现不同的目标。

社会动机

蒋（Chiang）和林（Lin）2013年的研究发现一些网络活动可以满足社会动机。他们着重关注了博客用户的行为。早期的博客功能仅为博主单向发布信息，类似于网络日记，随着互联网技术的发展，博客具备了获得他人反馈的功能，而正是反馈使得个体能够感受到接纳或归属感。然而，这种反馈也可能带来糟糕的后果。一些话题很可能会带来负面反馈。任何形式的反馈都会形成或强化个体的自我身份认同、归属感等。如果某人有一些抑郁的情绪，他可以很容易在网上寻求他人的反馈来强化这种情绪。互联网提供了一个理想的，同时也很危险的平台，让他们通过博客或其他CMC来获得这样的强化。同样，这类行为与年龄无关，可以看做个体通过互联网来满足其心理需求。同样，梁（Leung）的研究认为，人们将互联网作为一种情绪管理工具，同时也是社会补偿工具，用来抵消线下生活中的负面心理影响。特别是8~18岁年龄段的青少年，在线娱乐活动和关系维持行为可以暂时降低线下生活中的压力水平。吉尔曼（Zillman）和布莱恩（Bryant）指出，一些人看电视是为了逃离现实中的负面压力或影响。对电视节目的选择与他们生活中的压力水平相关。如果事实如此，并且情绪、动机、压力和社会因素决定了不同的人观看不同的电视节目或电影，那么有理由认为网络行为也与这些因素相关。互联网提供了不同的活动形式，可以为个体量身定制以满足其需求。有研究表明，具有抑郁情绪的人如果通过网络支持小组进行互动，在症状上会有较大的改善。联系到SNS

的使用上，可以认为，一些人在社交网站上更新状态的意图是获得积极的反馈。用户有选择地使用互联网的证据来自梁对于青少年的研究。举例来说，来自疾病或家庭变故的压力，与娱乐、社会认知和关系维持相关。来自学校的压力，与放松、积极接纳和强化行为，例如，与接受来自互联网的鼓励等行为相关。于（Yu）和周（Chou）的研究也表明使用互联网可以带来幸福感。然而，互联网也有可能维持和强化负面的或有害的行为。例如，过度的网络游戏和赌博。然而，这些研究所表现出的都是个体决定的互联网行为，与他们所出生的年代无关。接下来将介绍个体因素是否会影响其网络行为。

个体因素

很少有研究关注个体差异是否影响互联网行为。相关的研究仅仅关注了不同性格的个体经常使用哪类网站。冈哈巴特拉（Gangadharbatla）提出了4个影响社交网站使用的因素。

网络自我效能感：艾斯汀（Eastin）和拉罗斯（LaRose）将其定义为：相信自己有能力组织和执行互联网活动——这是区别互联网老用户和新用户的重要因素之一。这与舒适区理论类似，人们需要感到自己可以自信地使用互联网来满足自己的需求。如果人们感到自己可以在网上做某些事情，他们便更可能会去做。

对认知的需求：人们需要使用认知，同时还要享受这种认知的回报。它会影响很多网络行为，如寻找信息和形成态度。冈哈巴特拉指出，分析性较强的人倾向于从认知的视角而非表象的视角来理解互联网。这些人更热衷于设计一个网站，而非其内容。

对归属的需求： 正如鲍迈斯特和利瑞提出，归属感作为人类基本动机存在于所有人类行为过程当中。冈哈巴特拉认为，这或许是所有 SNS 用户互动行为的基本原理。

集体自尊： 人们不仅仅需要在个人层面感受到归属感，他们也需要集体自尊，即个体属于某个或某些社会群体。集体自尊与个体自尊类似，唯一的区别是它具有一种集体归属感。这个因素不仅在人与人之间有所差别，也通过个体与他人的互动来获得。

冈哈巴特拉在一项问卷调查中提出，这 4 项因素会影响用户是否在社交网站注册。如果这些个人层面的因素会影响互联网用户的使用，则进一步说明网络行为与年龄段无关。然而，这项研究或许与样本来源有关。问卷调查的受访者是年龄在 18～30 岁的 SNS 用户，因此，这里面的假设是他们已经在熟练使用互联网了。毫无疑问，未来的研究会考虑样本的多样性。然而，冈哈巴特拉的研究已经表明除了年龄之外，还有很多因素会影响互联网使用行为。另一个个人因素被称为"心流"。

心流理论

心流是很多行为研究中常用的概念。它是一种将个人精神力量完全投入在某种活动上的感觉。这种投入会使个人具有积极的体验，并始终朝向一个清晰的目标、反馈、关注和控制，完全失去对其他干扰因素的意识。心流理论在很多网络行为中都可以使用，如网络游戏成瘾。在某个玩家刚开始玩游戏时，很容易形成心流，然而，随着玩游戏时间的增加，形成这种心理状态会开始变得困难。因此，他们会花更多的时间玩游戏，从而影响线下的生活。然而，关于这一理论的实证研究并不多，而万（Wan）和邱（Chiou）的观察并未发现网络游戏成瘾与心流状态之间存在正相关。

年龄和目标：是什么决定了互联网的使用？

其他研究者区分了目标导向和经验流之间的区别。根据齐克森米哈利最初的心流概念，霍夫曼（Hoffman）和诺瓦克（Novak）认为，网络行为的心流发生在个人完全掌控互联网的时刻。只有当个体感到能够完全实现他们的需要，同时又感到足够的挑战时才能够达到。诺瓦克、霍夫曼和杜哈切（Duhachek）发现，心流更容易在目标导向活动中产生。他们提供了一个表格来区分目标导向心流和经验流之间的区别，如表3-1所示。

表3-1 目标导向心流和经验流之间的区别

目标导向心流	经验流
外部动机	内部动机
工具导向	仪式导向
场景卷入	持久卷入
功利价值	享乐价值
直接搜索	间接搜索，浏览
目标导向选择	导航选择
认知	影响
工作	愉快
有计划购买，复购	冲动消费，强迫购买

根据泰斯考特的数字代沟观点，年轻人更容易获得经验流，年长的人更容易获得目标导向流。最近，莱（Rai）和阿特瑞进行了一项研究，通过调查和自主报告的形式评估工作和居家环境中的互联网使用行为。他发现，人们的印象管理水平与工作期间如何使用网络相关。年龄与居家环境中互联网使用的类型呈负相关，这与霍夫曼和杜哈切的分类十分符合。由于工作环境注重互联网使用的目标，而经验流则来自私人的互联网使用。特别需要注意的是，在他们的区分中提到了目标导向的心流受"认知"的驱动，而经验流受影响驱动。并且二者的动机来源也有所不同，前者来自外部动机，后者来自以兴趣为基础的内部动机。因此，可以认为人们使用互联网

是为了获得他们想要的结果。即便他们的行为具有经验属性，也会伴随着某些目标或结果，如改变情绪。德西（Deci）和瑞安（Ryan）提出了一个模型来说明这种目标导向的行为受行为结果满足其需求的驱动。

自我决定理论（SDT）

自我决定理论认为，人类的需求通过目标导向的行为来满足。自我决定理论既关注行为结果（目标）的内容，也关注实现目标的驱动力过程。根据该理论，互联网行为或许受到追寻目标的驱动，以此来满足基本心理需求。例如，具有社交恐惧的人其基本心理需求是感受到与他人的链接。他们回避线下社交，因此，可能会通过在网络上寻找互动来满足归属感的需求。根据德西和瑞安的研究，3个先天的心理需求驱动了目标达成、心理成长及幸福感。

- 能力：个体感到自己有能力做成某件事情。

- 关系：等同于鲍迈斯特与莱瑞定义的归属感，关系指的是感受爱、被需要和被关心的需求。

- 自主：通过感受自由和控制自己的行为来获得自主感。

这3种需求需要得到满足，以此来维持积极的心理幸福感。德西和瑞安同时也提出了支持这3项人类基本需求的3种社会情境。

（1）维持或强化内部动机。

（2）引导、内化和整合外部动机，提供一个更自主的动机和常规的行为。

（3）提升或强化理想和人生目标，持续提供人类基本需求的满足。

因此，内部和外部动机对于实现目标的行为具有一定的影响。内部动

年龄和目标：是什么决定了互联网的使用？

机容易产生积极的行为结果，有影响力的体验，并带来心理健康。外部动机较可能带来挫败感，较少积极的体验，降低心理幸福感。德西和瑞安的有机辨证原则认为，刻意的行为是动机最优化的结果，内部和外部动机都能够促使个体实现目标。这正好验证了本章的主题——人类使用互联网来满足自己的需求，实现自己的目标。同时也说明年龄影响互联网使用率的说法并不成立。下面将提到的互联网作为"工具"的观点进一步反对了数字代沟的说法。

互联网"工具"

在心理学领域经常争论这样一个问题：人类的行为是先天还是后天的产物。社会心理学家认为，人类行为是由环境决定的，最有名的是社会学习理论（SLT）。根据这个理论，人类通过直接或间接的学习来模仿他人的行为。然而，博克维兹（Berkowitz）和拉佩奇（LaPage）的研究为社会心理学带来了转折点。他们开展了一系列研究，证明个体的行为受到社会线索、客观环境，以及事件或人们在事件中所处的位置的影响。例如，被试在具有枪支的环境中比在体育器材的环境中展示出更多的攻击性。与社会学习理论结合可以看出，人类不仅仅从外部环境中学习行为，同时，他们的行为也是这种学习和互动的产物，受到外界线索、物体和事件等影响。举个例子，假如某人想买一台电视机，如果他住得离电器商场很近，很可能去那家商场里购买。商场的距离则扮演着工具的角色，促使产生了购买行为。如果这个人并不着急购买，而是想要货比三家，他可能会浏览很多网站，比一比哪家价格最低。在这个例子中，无论是商场还是网络都是一个工具，促使消费者选择如何购买。无论哪种在线行为，互联网的作用都是实现目标的工具。如果把 SDT 理论和 SLT 理论结合起来，可以看出，SDT 认为能力、关系和自主是指导人类行为的需求。它们可能是外部的，也可能是内部的。SLT认为，内部和外部动机都是社会学习的结果。如果一个人学会了多用内部动机实现心理需求，那么他可能会更容易满足需求和积极的行为目标。这也与社会心理现象相关，也就是在第2章中提到的理想自我、真实自我与应该自我。如果一个人对自己的真实自我感到满意，他们不会经常感到心理不适，如果他们主要靠外部动机来进行活动，那么很可能他们没有按照真实自我来行动，而是仅仅展现出了应该自我。这种应该自我行为是通过漫长的社会学习过程获得的。这种行为也与年龄无关，而是来自于学习行为模式和渴望的行为结果。

行为究竟受年龄差异还是目标导向影响？

根据本章所讨论的内容，来看一下这些观点之间的联系。首先，SDT中的关系概念与鲍迈斯特和利瑞的归属感之间具有怎样的联系？如果人类需要通过和他人的链接来实现归属感，那么可以理解为人们通过寻找同伴的方式来创造这种特殊的关系。也就是说，他们的真实自我或许是单身，然而他们的理想自我却和他人有恋爱关系。这样一来，两种自我之间存在一定的差距，因此，减少二者差距的动力便成为其内部动机。而避免由于单身而被外界排斥也可以是他的外部动机。SLT则会认为，他们会通过学习一些行为来遇见想要的那个人。无论他们在线上还是线下寻找这个人，都被认为是从社会环境中习得的行为。如果他们经常参加社交聚会，或是线下活动中经常有遇见潜在对象的机会，那么，很可能他会使用这种方式寻找另一半。然而，如果这种方式并不奏效，则他可能会移步互联网来寻找。这种行为与年龄并不相关，而是受到他们习得的行为、动机、需求和行为目标的影响。

—— 3 ——
年龄和目标：是什么决定了互联网的使用？

本章小结

● 本章探讨了两个主流观点：一个是认为生于数字时代的人是互联网的主要用户，另一个认为每个年龄段对互联网的使用受到目标、需求和动机的影响。

● 本章列举了两个主要的理论：使用与满足理论和心流理论。以此来判断是否所有年龄段的人使用互联网的方式都有所不同。

● 互联网是一个多样性的工具，人们使用不同的网站进行不同的活动。不应当认为某个单一的理论可以解释所有在线行为。需要使用特定的理论解释特定类型的在线行为。

● 通过外部和内部动机结合社会学习理论及自我决定理论，来说明互联网仅仅是一个满足人类需求的工具。

● 本章主要反对数字代沟的存在，只不过老一代的人不太愿意在网上做舒适区之外的事情。

● 本章的结论是，无论青年人还是老年人，都喜欢使用互联网来满足目前的目标、需求和动机。

4 在线关系

约翰娜·米德尔顿（Johanna Myddleton）
艾莉森·艾特瑞尔（Alison Attrill）
英国伍尔弗汉普顿大学

导论

"关系"一词可以理解为个体与一个或以上他人之间的联系。可以思考一下自己的关系：配偶、伴侣、男女朋友、好朋友、兄弟姐妹、叔叔阿姨、祖父母、同事、健身房同伴、老师、大学同学、酒肉朋友、游戏玩家……可以继续列举下去。并非所有的关系都具有等同的紧密性或价值，然而他们都有不同的目的。在互联网出现之前，人们的关系还没有那么复杂，人们普遍维持着简单的友谊，通过家庭彼此延伸。如今，人们在社交网站上有成百上千的"朋友"，可以利用在线交友网站寻找浪漫，甚至可以有一段仅在网络上存在的关系。本章将探索该方面的理论和研究，主要内容包括不同种类的在线关系的形成、维持和消解。为此，需要探索一些线下的研究工作，可以帮助人们理解线上的关系。当听到"在线关系"这个词时，很多人会首先想到网络约会。这并不罕见，并且也提供了一个很好的起点来理解当前在线关系的研究方向。

早期的网络约会研究

早期在线关系研究的主要关注点是线上的恋爱关系。特别是一些研究专门针对在线约会网站，以及在这些网站上人们通过哪些方式展示自己的形象。"在线关系"一词涵盖了很多研究方向，包括在线寻找潜在伴侣的危险性、盗取身份和关系诈骗等。一些弱势群体可能会因此受到伤害和操纵，例如，盲目相信交友对象而被骗取钱财，或被引诱、跟踪、骚扰，以及一些更加危险的行为。尽管人们常常会忍不住仅关注那些负面的内容，然而需要知道，相比全球上百万人开始转向通过网络寻找各式各样的关系，这些欺骗事件的发生率是相对较低的。

当前的网络交友研究

个体会使用在线交友网站寻找伴侣，并期待这段关系未来可以从线上转向线下。这个过程已逐渐被更多的人接纳，并且在发展中国家的发生率也有所提高。研究者曾争论，这种交友方式是否只适合于现代化的、繁忙的生活状态，以及由于它无法确定当事人的身份，是否会导致该领域具有一定的危险性。媒体让人们倾向于相信后者，然而研究表明，使用在线交友网站的用户会谨慎考虑在网络上伪装自己的后果。尽管很多心理学家对这一领域十分感兴趣，人们仍然需要知道，只有 1/3 的网络亲密关系是通过交友网站形成的。在网络上形成的关系更多的是友谊关系，而非恋爱关系。有些关系一直维持在网络上，从未期待在线下见面，无论是朋友还是情侣。随后，将会在本章中讨论多种在线平台及传播媒介，并分析不同的功能如何影响人们在这些平台上的行为。很明显，人们相互认识和互动的网络空间也会影响线上与线下关系的形成与发展，因此，这里将目光转向了网络柏拉图关系。

是否所有的在线关系都相同？

　　与恋爱关系相同，人们需要思考网络上形成的柏拉图关系所扮演的角色的重要性。尽管对于成年人来说，其伴侣可能最直接地影响他们的态度和决定，然而，亲密的朋友也可能会塑造自己的身份和行为。柏拉图关系则被定义为那些不存在恋爱关系的朋友或熟人。在线通信工具（CMC）的使用促使人们认为与网络上的同伴更多地具有柏拉图关系，而非恋爱关系。因此，关键的问题是要思考这些关系在人们线上和线下生活中所扮演的角色。考虑到在网络交友上花费的时间，非恋爱关系的角色或许十分重要。然而，为何友情对于人类如此重要呢？为什么人们会企图通过网络寻求和维持友情？友情对儿童、青少年和成人的幸福感起着至关重要的作用。朋友能让人们感觉很好，与人们分享时间和经验，帮助人们建立美好的回忆（有时也不太美好），提供建议和支持，让人们远离孤独感。作为线下社交群体，它可以帮助人们塑造个人身份，影响人们的态度和行为，甚至塑造人们的外在形象。儿童和青少年时期的友谊为进入成年期后寻求更多的亲密关系打下了基础。如果仔细思考这些内容，这类"友谊"通常是上一代人在线下所经历的。总共有哪些网友？他们是否能满足这些标准？或许他们比线下的朋友更符合标准。然而，由于新科技的发展及在线关系形成的属性，并且关系的变化不受年龄、种族、信仰、社会地位和性别等影响，近期的研究开始质疑友谊的定义，甚至是"朋友"一词的定义。在线友谊被分为3种类型：认为网络上不存在真正的友谊；认为线上和线下的友谊是等同的，只是使用的媒介不同；认为线上和线下的友谊在某种程度上有一定的差别。接下来将会介绍不同种类的在线关系类型，包括恋爱、友谊和**家族关系**相关的理论与研究，并比较他们与线下关系的区别。

网络友谊的真实性

过去定义的友谊包括3个主要条件：互相尊敬或至少彼此喜欢，希望能够互相帮助，共同参与某些活动。科金（Cocking）和马修（Mathews）认为，由于网络上缺少真实的共享空间，网络友谊并不满足这3个条件，因此，不能够看作是真实的友谊。他们认为网络友谊还具有很多障碍，很难一一指出。例如，友谊的一个重要部分是需要与彼此进行互动和反馈。这个过程中不自主的自我表露在网络空间并不存在。在线下，不自主的自我表露是通过间接的语言表达的。例如，语音语调或面部表情，可能会无意中传递人们对当下正在讨论的话题的真实感觉。在线上，存在两种不同形式的自我表露，一种与线下类似，另一种代表了在线互动所需要的个人信息。人们比较关注前者。一些研究表明，网络自我表露具有一定的倾向性，当人们塑造自己的网络形象时，更多地想要表现理想自我，而非真实自我或应该自我（关于自我类型的概念请见第2章）。从重要性而言，理想自我是人们最想要成为的完美的自己。如果是社交网站的普通用户，如Facebook，可以思考一下自己是如何更新个人信息的。你可能会写下一句话，读一遍，重新编辑，再仔细思考，然后继续编辑之后再发布。这是对"自我"的一次非常仔细的反思过程。再仔细思考一下线下互动方式。如果对某个问题仔细地思考并回应，可能会花一些时间。然而，在这个过程中，肢体语言、面部表情和最终回应的语调比所说出的内容要包含更多的信息。一些研究者相信，这些不自主的自我表露是友谊形成、维持和扩散的关键因素，然而，在网络环境中并不存在。如果真的如此，人们会认为并不存在真正的网络友谊。然而另一方面，网络也可能会因这些相同的理由而形成真实的友谊。

在线下世界，自我呈现的原因有很多。很多社会规范都与被人喜欢的需求相关。这种需求会驱动人们选择以什么样的形象和行为展示给他人。这种形象的描绘在线下的即时互动中是持续的。当然，有些时候并无法立刻获得即时的反馈。想象一下你的第一次约会，你迫切地等待对方给你打电话、发短信、上 Facebook、发消息、视频聊天等，尽管这些被称为延时反馈，它仍然取决于你在约会过程中的表现，如你的动作、声音和面部表情等。你可能会限制自己在约会中暴露的信息，因为这个人就在你面前。如果最初是通过网络来进行交流，网络通信工具所带来的距离实际上减少了这种限制，因为不用再担心被拒绝。在网络上，人们可能会更加诚实地展示真实自我。因此，或许会形成比线下交往更强、更深、更"真实"的友谊，因为彼此交换了更多的私人信息。巴奇（Bargh）、麦肯纳（McKenna）和费茨蒙（Fitzimons）的研究支持这一观点。他们发现，那些在网络上更易于表达自己的人，不仅更容易形成网络友谊，还会成功地将网络友谊转移到线下，通常可以保持两年以上的稳定关系。进一步的研究表明，即使没有相对直接的自我表露，人们也可以根据网络上的信息比较精确地判断他人的性格和人格特质。这说明，不自主的自我表露也会在网络上发生，网络上的同伴会模拟线下的互动和反馈过程来解读这些信息，这是塑造线下和线上友谊至关重要的过程。还有研究表明，**行为确认**过程可以通过电话、即时通信系统和网络游戏等沟通媒介完成。行为确认是指，他人对某人的解释或期待如何影响与之互动的方式。它影响了回应者的行为，进而不断塑造彼此的行为。行为确认通过在线沟通表现出来，并进一步影响真实约会时彼此的认知。例如，要求某人在网上填写自己属于外向型人格，在随后的线下互动中会表现出更多的外向型。同样，被要求在网络上表现内向型的人，也会在随后的时间里更多地表现出内向，也就是发生了身份转变。这说明，网络交友不仅可以成为"真实的友谊"，它同样也是形成个

4

在线关系

人性格和自我概念的关键。

此外，可以简单思考一下网络柏拉图关系形成过程中共享的活动。互联网提供的社会互动机会让人们很难衡量，从互动网络游戏、大型互动论坛、一对一或多人视频，到组织线下活动等，所有这些都发生在共享的网络空间中。因此，互联网可以提供一个虚拟的空间，尽管不能进行直接的接触，但至少可以模仿人们线下的真实空间。它自身是一个工具，帮助人们跨越地理的界限开展共享的活动。在互联网不存在的情况下，这些界限会阻碍人们形成和维持线下的或远距离的友谊。

尽管空间和条件使网络友谊在某些方面有所不同，或许应该思考一下传统的"朋友"与"友谊"两个词的定义，使之包含互联网沟通。互联网沟通中有足够的时间来反映自我和他人之间的关系。它提供了积极的舞台来相互了解、熟悉、分享和理解。CMC 可以被看做仅仅是线上友谊的支持，也可以帮助维系线下的友谊。然而，人们对网络友谊的美好想象某种程度上受到理论和研究证明的负面影响的干扰。接下来将介绍一下替代和刺激假说。

网络友谊的黑与白

替代假说认为，网络沟通对线下友谊具有负面的影响，部分原因是过去线下社交和互动所花费的时间现在已经被网络活动所取代。他们认为这降低了线下友谊的质量。这种沟通替代会产生很多的副作用，如孤独和抑郁等负面的心理问题。早期的研究者，如克劳特（Kraut）曾认为，频繁使用互联网会引起孤独症，近期的研究则否认了二者之间的因果关系。不仅克劳特等人随后根据近一步的研究修正了他们起初的观点，梅施（Mesch）也发现，具有孤独人格的个体更愿意在网络上主动寻找朋友。梅施发现，线下朋友较少的青少年，更常使用互联网。此外，既有社交焦虑又具有孤独人格的个体更喜欢通过 CMC 进行交流。瓦肯伯格（Valkenburg）和彼得（Peter）的一项针对青少年的研究表明，短信息、即时通信和其他 CMC 工具由于具有一定程度的控制水平、匿名性和非同步性，相比线下面对面的沟通具有较低的"风险"。这并不意味着这些人一定会有更多的网友，真正的问题在于，究竟具有多少朋友就"足够"了呢？仅根据替代假说本身并不能回答这个问题。事实上，目前并没有任何假说可以回答这个问题，因为友谊受到太多主观因素的影响，如类型、持续时间、亲密度和沟通时间等。然而，可以进一步了解替代假说的反对意见。

刺激假说认为，通过 CMC 与朋友沟通所花费的时间可以增强友谊的质量，并且对幸福感有积极的影响。瓦肯伯格和彼得的研究进一步支持了刺激假说。他们通过对 1200 名荷兰青少年幸福感的研究，发现了在朋友身上花费的时间与友谊质量之间的关系。这里存在一种沟通差异，即时通信可以增加幸福感，而在公开论坛上与陌生人沟通对幸福感并没有什么影响。刺激假说也可以理解为**"富者更富"**理论在互联网上的显现，认为具有良好社会适应性和社交技巧的人更能够很好地形成和维持友谊，因此，比"缺乏"这些技巧的人更能够在网上形成较强的链接。克劳特等人的研究支持了这一观点，他们发现，经常在网络上花时间与人沟通的人，也会更多地与家人和朋友进行面对面的互动，无论是与身边的还是较远的社交圈。

研究表明，在网络上花时间与朋友沟通，可以增强线下朋友之间的关系，进而产生更多的电话或面对面互动。同样，那些比较羞涩或社交焦虑的人可能会觉得通过 CMC 进行沟通会降低焦虑的感觉，因为他们可以更好地掌控和准备沟通的过程。这也说明，这些社交上的不足很难通过 CMC 来弥补。然而，互联网究竟使"富者更富"，还是能够弥补线下交往的不足，也就是社会补偿假说，仍然在持续争论之中。

社会资本与社交网络

社交网站（SNSs）能够提供独特的机会增强线下较弱的链接，并增加**社会资本**。社会资本是指通过人与人之间任何类型的关系所获得的资源。这些资源并不一定具有实体或资金价值，也可能是精神上的价值。例如，社会资本充足的人可能会感到满足，并具有社会存在感。他们会觉得自己"属于"社会群体成员之一。增加社会资本对人们的行为具有积极的影响，如群体参与。社会资本可以通过线上和线下资源获得。个体如何寻找特定的资源主要取决于那一类关系的形成与功能。社会资本与社会凝聚力相联系，可以改善群体参与，降低社会失调。朋友和邻居之间高水平的社会资本也与心理幸福感相关，包括高自尊、对生活满意等。因此，可以认为，那些在线下难以找到社会资本的人群，可能会通过互联网作为机制或工具来进行补偿。为了进一步探讨这个话题，需要明确不同类型的社会资本的定义。格兰诺维特（Granovetter）的定义满足了线上与线下两方面的功能。

过渡型社会资本发生在联系较松散的个体之间。这种社会资本与他人的关联较少，对人们的线下生活或许不具有重大的意义。

结合型社会资本来自人们与亲密的伙伴之间分享的强链接。

过渡型社会资本包括人们获得的其他信息或多种观点，结合型社会资本是人们仅仅从亲近的关系那里获得的。由于社会资本很大程度上影响了人们完成任务和实现目标的能力，可以认为，它在人们的网络关系中扮演着重要的角色。另外，线下的行为可能会受到线上获得的社会资本的影响。研究表明，那些具有网络支持系统的社群会有更多的线下互动和更高层次的社会资本。这说明，线下社会资本可以通过互联网得到提升。然而，人们在哪些网站寻找社会资本呢？其中一个主要的提升社会资本的来源是社交网站。

例如，Facebook 这类网站是增强弱链接的理想环境，它可以提升社会资本，并增强维持线下难以维持的较大群体的能力。有些人认为网络关系对认知和时间限制的需求较少。关于网络行为的认知过程将在第 13 章中进行介绍。然而，举例来说，在网站上更新个人信息，可以立刻被其他人看到。这在线下是难以实现的。在网络上，只需单击一下鼠标，就可以和任何地方的人进行互动，尤其是通过"立刻分享"功能，可以很容易地将信息同时分享到很多网站，使得人们获取信息的方式更加便捷。真正的问题在于是否应该把这些优势当做过渡型或结合型社会资本。社交网站能够提供广泛的资源融合。Facebook 维持和强化线下关系的效果极佳，它可以方便人们认识"朋友的朋友"或线下关系比较弱的人。因此，有人认为，Facebook 可以通过明确短暂的关系及链接潜在的关系而达到增加社会资本的效果。可能的途径是通过搜索个人资料识别相似的兴趣点，这在网络空间非常容易实现，而在线下互动中可能很少提及。这与富者更富假说有一定的联系。线下链接较多的个体更容易通过网络空间强化他们的联系，进而提升社会资本。另外，使用社交网络或许能够减少社会资本流失。其中一个实例是，某个人离开家庭或朋友圈，例如，去上大学或为了工作搬家到另一个地区。艾莉森（Ellison）等人发现，大学生最喜欢使用社交网站和其他形式的 CMC 来维持远距离的关系。因此，不同种类的 CMC 并非仅通过结交新的朋友来增加社会资本，而是通过维持远距离的关系来增强社会流动性，特别是在西方社会。于是，回到互联网作为工具创造和维持社会资本的美好图景中。然而，应当指出的是，这个过程并没有理论上那么简单。毕竟，维持线下友谊也不是坐享其成的。接下来将探讨一些妨碍人们维持线上关系的因素。

4
在线关系

数字鸿沟

无论是在线上还是线下，形成和维持友谊的过程中都存在很多障碍，一些障碍可能比其他的更明显。例如，双方之间的距离障碍可能是线下关系非常大的鸿沟，然而可以通过网络沟通进行弥补。另一些障碍可能并不是很明显，如社会规范、外表和刻板印象等。利用 CMC 可以帮助人们克服很多障碍。接下来探讨一些细节。

距离

"距离"一词可以用来定义二者之间不同的空间。两个常用的描述关系的术语是实际距离和情感距离。前者是指地理上的实体空间，后者是指亲密度、联系感和两个人之间情感的交流程度。情感距离常被看做关系失调和关系破裂的原因。功能距离也被看做形成和维持友谊的关键因素，也是人与人之间的空间。因此，它和实际距离并无差别。很明显，网络沟通中的功能和实际空间并没有实际减少。然而，CMC 可以拉近两个人的距离。也就是它可以缩短人与人之间的情感距离。CMC 可以让人们真正感觉有更多的连接，制造一种虚拟亲密感。有人认为新的沟通技术（如电话和网络）可以缩短心理上和情感上的距离，帮助形成和维持关系，无论身在何方。当然，不同种类的 CMC 可能会产生不同类型的亲密度。然而关键在于，人们可以通过 CMC 体验连接的感觉，无论是情感上还是实际空间。结合前面提到的自我表露，看起来曾经巨大的障碍（实际空间障碍）在网络沟通中并不存在。

人们可以利用网络交友或在线互动平台来思考这个问题。在和网友发邮件或即时通信的过程中，可能会不再克制自己并随意公开那些在线下不会公开的信息，特别是和对方不太熟的时候。因此，它为网络朋友之间创造了一种情感上的亲密。如果决定与这个人见面，并且已经向他透露了很多个人的私密信息，会有何感受呢？可能会觉得有一点点尴尬或紧张，甚至后悔分享了这么多的私人信息。可能会在见面前尝试很多种线上沟通方式。或许，由于地域关系线下见面也十分困难。回到原来那个美好的图像：两个人很容易在网络上达成情感亲密，然而直接转移到线下关系看起来并没有那么容易。另一方面，如果通过网络建立了情感亲密，相当于进行了情感投资，特别是那些占用大量时间的关系。换句话说，功能、心理或情感距离可能成为网络关系的进一步障碍。贝克（Baker）的研究恰好说明了这一障碍，他发现通过聊天室、论坛或其他网络形式发展恋爱关系的用户，距离越远，越不太可能在线下会面。

这并不是说网络关系不能被满足。使用 CMC 的异地关系无论是在满意度、持续时间还是在感情与亲密程度上，都优于不使用 CMC 的群体，这或许是因为持续不断的文字沟通和不断增加的信任水平。通过 CMC 增加的关系维持强化了沟通和关系技巧。根据这个思路，网络上形成的关系周期大约为两年，或许更持久，因为它除了纯粹的情感之外还有其他的投入。因此，需要考虑"距离"作为不同类型网络关系的补偿因素，而不是作为阻碍和导致关系破裂的原因。

同步性

计算机媒介沟通的形式如今有很多种。其中一个和其他形式区分的关键要素是同步性。**同步沟通**是沟通双方没有时间间隔的方式（如即时消息、视频等），**非同步沟通**则是在接收和回应之间存在一定的时间间隔（如电子邮件）。使用何种方式进行沟通，决定了 CMC 是否有助于形成和维持在线关系。同步沟通可以跨越时区差异，并且可以在不打断对话流的情况下中断对话。当两个人同时在线时，电子邮件可以即时发送，然而，就算一方不立刻回复，也不会影响对话的流畅性。即便是使用即时通信工具时，也可以停下来思考，编辑或改写后再发送，所能看到的仅仅是"对方正在输入"。非同步沟通可以根据个人情况掌握。实际上，重要的是进行什么样的沟通。当人们输入某些文字的时候，就会思考自己使用的词汇和句子构成，编辑段落，思考整个文本的流畅性。如果制作一段网络视频，就不需要思考这些问题，它更像随意发挥。因此，与其思考同步性，还不如思考沟通的方法。文字可以更加深思熟虑，因此，可以帮助人们克服时间障碍。然而，它也可能让人们展示不真实的自我，无论是理想自我还是应该自我。也就是说，当提到一些概念时，如超个人沟通理论，深思熟虑的回应有时是维持关系的负面因素，特别是当网络沟通成为正常的、常用的社会互动方式后。在接下来将讨论的网络情感关系中会详细说明。

网络情感

　　社会心理学认为人类最基本的需求之一是归属感。需求的满足会带来心理上的幸福感。任何缺失都可能会带来负面影响，如焦虑、压力和一些严重的精神疾病。这种需求可以通过长时间的社会连接得到满足。社会连接能够提供足够的关怀和机会来进行积极的社会互动。换句话说，友谊满足了生存的基本需求之一。这种强烈的社会连接需要时间来发展和培养。CMC 在这个过程中也扮演着它的角色。沟通技术是人们寻求新连接的辅助工具，通过它可以形成新的关系，维持友谊。然而，这种归属感如何在网络上得到满足呢？

　　很多理论尝试解释网络关系是如何形成的，然而，它们大多来自线下行为模型。很多人将网络看做独立的空间，并不考虑不同沟通技术之间的差别，常常忽视用户的潜在目标和动机。接下来将要来探讨这些理论，在这个过程中可以思考这些理论是否适合于网络行为，以及将如何调整这些理论使其能够更好地适用于网络关系行为。

邻近效应

人们常常会和那些距离较近的人成为朋友。这个理论被称为邻近效应。它最初是指物理距离，然而后来也有人认为具有共性的人们之间也会有邻近效应。线下距离很近的人之间更容易产生友谊，如同事之间。回到社会心理学，扎荣茨（Zajonc）的暴露效应说明了重复暴露的人们之间更加熟悉，或具有更多的互动，更容易彼此喜欢。喜欢是恋爱关系的重要基础。然而，喜欢并不一定都会引起恋爱关系，但它被看做柏拉图关系的重要元素之一。一项关于暴露效应的研究表明，在CMC上回应较频繁的用户在其同伴眼里更有吸引力，部分原因是他们觉得同伴和自己在同一个场景中。

沃瑟尔（Walther）和巴扎诺娃（Bazarova）进一步提出了**网络邻近理论**。他们提出了很多通过CMC产生亲近感的因素，包括个体需要具备沟通技巧来形成情感亲密。他们还指出，当人们在网络上感受到这种亲密时，他们会对网络沟通感到满意。这与"富者更富"理论异曲同工，沟通技巧较好的人更容易发展和维持在线关系。

如果将邻近效应用于网络关系，需要对"亲密"的传统定义重新理解。比如说，某个"魔兽世界"玩家经常光顾同一个旅店，或论坛用户重复和某些人进行交谈。这些"重复暴露"与线下活动中重复出现在同一个空间类似。你是否曾经在某个论坛、网站、游戏或小组注册，期盼能够找到某人？这不仅说明了扎荣茨的重复暴露效应，也说明了你对这个人感受到了一定程度的"连接感"。当然，在和网络用户进行互动时，有时需要考虑实际距离,特别是在寻找情感伴侣时。尽管人们听过很多异地恋的故事,然而很多人在上网搜索交友信息时,仍然会考虑实际距离因素,以便将来可以将这段关系转移到线下。另一方面,那些在网络上偶然认识再寻找机会成为线下朋友的人们,或是仅仅想维持网络关系的人们,在搜索时更倾向于寻找那些和自己价值观和思维方式类似的群体,而不去考虑实际距离。这类关系可能会形成频繁的网络互动,因为网络互动比线下见面更加便利,不会花费太多的时间和精力。回到前面提到的网络关系的"真实性"。网络情侣何时能变成真正的情侣?好莱坞的影片让人们相信所有的情侣都建立在不朽的爱情基础之上,充满鲜花、白云和真爱。然而,现实并非一贯如此。恋爱关系具有很多种形式。通常人们会寻找和自己类似的人。这被称为相似吸引假说。它与邻近效应有一定的共性。如果在实际生活中遇到一个人,如在公司里,重复见到这个人并不会很费力。在网络上,则需要花费一点点精力同时出现在同一个网络空间。这些精力主要花费在寻找与自己兴趣相同的网络空间上(如音乐发烧友网站和讨论组等)。因此,彼此的相似性在形成网络关系中比邻近性更加重要。

同质性

相似的人互相喜欢被称为**同质性**。这是发展柏拉图关系和恋爱关系的重要因素。人们会对和自己相似的人表现出好感。互联网工具可以帮助人们和相似的用户进行互动。首先,它能够让人们接触到更多的人群,扩展认识相似人群的机会。其次,它可以让人们更快地找到相似的人群。在社交或约会网站上,用户被要求填写自己的兴趣爱好等信息,以便相似的用户更快地搜索到彼此。巴尔内斯(Barnes)的研究证明了同质性决定了人们会选择和谁进行互动。他发现,相似性是决定是否和某人发展网络关系的关键因素。玛祖尔(Mazur)和理查德斯(Richards)发现,社交网站上的"朋友"之间通常来自同一国家,且年龄相仿。然而,正如前面的研究表明，社交网站更主要用于维持线下关系，而不是形成新的关系，因此，社交网站或许并不是通过同质性形成新关系的场所。然而，如果并没有非常清晰的爱好或兴趣，例如，你是一个有抱负的地产商，并且对凯文·麦克劳德（Kevin McCloud）有一种特殊的迷恋（要想了解此人可以自行百度）。或许你并不想让自己线下社交圈的人们知道你这种迷恋，但你很喜欢在网络上与跟自己类似的人讨论和交换信息。互联网更适合那些具有某些模糊的爱好和兴趣的人找到和自己相似的人群。可以联想一下学校里的"怪胎"，由于痴迷科幻而被同学排斥（见第2章），然而他们可以在网络上找到成千上万的科幻迷，和他们一起讨论某些小说的情节。回到理解网络行为的主题上，根据同质性来选择潜在的伴侣或朋友可以过滤掉那些没有共同点的人群。麦克肯纳（McKenna）、格林（Green）和格里森（Gleeson）将其描述为"先拔头筹"，通过彼此共同的爱好进一步沟通寻找其他的共同点，以此为基础更快地建立关系。

关于网络上的恋爱关系，菲奥里（Fiore）、泰勒（Taylor）、张（Zhong）、门德尔森（Mendelsohn）和切舍尔（Cheshire）指出，交友网站的用户，特别是女性，更愿意和同种族的人联系。人们在寻找潜在伴侣时经常会先设定年龄，相似性并非最重要的因素，男性倾向于寻找比自己小很多的伴侣，女性的选择范围比较多样。年龄相似性与其他因素，如教育程度、外表吸引和社会地位等相比，并非很重要的因素。斯科普里（Skopek）等用进化论来解释这一发现。他们认为，女性通常会选择优质的、社会地位较高，并能够为自己和未来的后代提供支持的男性。而男性则会选择有生育能力的女性。如果事实如此，即同质性并非网络关系维持的因素，那么需要思考交友网站常用的匹配工具是否真的有用。

"科学的"的配对方法依靠相似性吸引假设。这种假设认为，人们喜欢和自己在心态、地域、年龄和各个特质方面相似的人，因为人们普遍认为这些内容说明了他们的身份及自我概念。社会交换论认为，人类关系的目的是满足自我需要。关系就像资源、情感、影响力和心理强化的交换。人们建立关系是基于共同的利益，也就是说，人们会寻找那些能够互惠并提升自我感知的人建立关系。需要指出的是，关系必须是平等的，而这种平等并非纯物质的或金钱的平等。它可能仅仅是外表上或性格上的平等。研究发现，在交友网站上通过条件匹配结识的伴侣，比随机选择的伴侣更可能走入婚姻并很好地维持关系。研究者认为，通过系统筛选出的条件相似的伴侣成功维持关系，很好地改善了网站在线匹配的功能。似乎相似性匹配假说仍然在影响人们的在线关系。不由得让人思考是否某些因素在寻找相似性过程中更加重要？

身体吸引

身体吸引是形成线下亲密关系中的基本条件。尽管在网络上，身体吸引的重要性有所降低，更多的亲密关系形成原因是情感上的亲近，而非身体上的欲望。然而，身体吸引也是比较重要的因素。经常出现两人线下见面之后关系便终结的情况，或许对方看起来和网上完全不一样。如果在网上没有提供照片，通常人们会根据自己的期待和猜测想象对方的形象，因此当发现对方和自己想象的完全不一样时，往往也会导致关系的终结。为什么人们会如此受身体吸引的影响呢？当然，如果你在网上和某人联系，尤其是你和他之间产生了感情，外表真的很重要吗？有一档被称为"Catfish"的网友见面真人秀的节目。通过这个节目可以很好地思考究竟外貌是否会影响网络关系。如果倾向于认为身体吸引是很重要的决定因素，则可能陷入了**晕轮效应**中。晕轮效应认为，那些外貌较好的人通常会比较健康，有良好的性格（如善良和智慧）。令人吃惊的是，网络世界的晕轮效应更多地来自才华、写作能力等，而非人格特质。很多人相信，能够在网上自如地表达自己的人，通常有比较积极的人格特质。网络写作风格的吸引力甚至从网名开始。惠帝（Whitty）和布坎南（Buchanan）认为，男性更喜欢与网名中表现出身体吸引力（如萌妹子、辣妹等）的女性接触；而女性更喜欢和网名表现出智慧（如饱读诗书）或是中性词汇（如张三48）的男性交流。这也说明，即便是文字上表现出吸引力也会影响网络关系。然而，如果想要使一段网络关系得到发展，必须要有一定的信息交换。一旦有人透露了自己的任何信息，便开始了自我表露的过程。

自我表露

和他人分享自己的信息被称为自我表露。它包括刻意或无意间透露自己的信息。因此，自我表露的内容从年龄、性别等简单的事实，到个人隐私，都可能有所涉及。无论是在线上还是在线下，自我表露都被看做一个互惠的过程。例如，如果第一次和某人见面，你会告诉对方自己的姓名，对方也会告诉你他的姓名，然后你告诉对方年龄，对方也告诉他的年龄等。信息交换不断进行，通过这个过程最终形成关系。这被称为社会渗透论。阿特曼（Altman）和泰勒（Taylor）认为，信息的持续交换是形成和维持人类关系的根本特征。最近的研究指出，自我表露（自愿或非自愿）也会发生在网络空间，并且很多因素影响人们是否愿意分享自己的信息，包括信任、人格特质和关系类型。

自我表露既可以是个人表露——个人直接透露自己的信息——也可以是关系表露。关系型表露可以看出个体对他的伙伴的感受，也提供机会来了解对方如何看待自己。然而，使用这种策略获得反馈有一定的风险，因为很有可能直接带来拒绝。一个明显的实例是，Facebook 上的一项功能需要自己的伴侣确认他们之间的关系类型并向其他人公开。然而，关系型表露会带来更高的亲密度。通过 CMC 表露不同种类的个人信息也会增加亲密程度，进而增加关系满意度。然而一些研究表明，根据不同的媒体，所表露的信息内容会有区别。例如，负面的或尴尬的信息更容易通过邮件或短信沟通，而不是面对面沟通；积极的信息则会在能够轻松获得反馈或赞扬的场合沟通。阿特里尔（Attrill）和加利（Jalil）也指出，人们并非在网上随意地公开自己的信息，而是有选择性地公开那些私密的细节，并且据不同的媒介有所区分。这并不意味着人们仅仅分享那些积极的信息。研究表明，人们经常利用 CMC 解决自己关系中负面的问题。例如，有些人觉得通过邮件或电话分手比当面更容易一些。

以上内容简短地说明了自我表露的个体差异。例如，比较羞涩的人可以通过网络更好地表露自己，以此来改善他们的线下关系。尽管需要指出，网络上的自我表露并不能够扩大他们的社交圈。很多研究对比了线上与线下的自我表露，采用了多种研究方法。一些研究使用字数统计而非内容分析，因此，并未区分表露信息的深度和广度。研究假设认为网络自我表露比线下会呈现出更多的信息，然而结果表明更多的差异在于表露信息选择的过程。此外，关于自我表露对网络关系形成和维持的研究结果也存在很大差异，然而共同点在于，一定程度的自我表露在发展在线关系的过程中扮演着重要的角色。除此之外，还有什么因素会影响线上恋爱关系向线下转移呢？

网络爱情的起伏

网络交友越发流行，在美国，10 个人中就有一个人在使用交友网站或 APP，这些人当中有 38%在通过这一渠道寻找伴侣。尽管网络交友仍在一定程度上受到质疑，认为只有绝望的人才会上网找对象。然而，这种观念已经发生了转变，很多人开始承认交友网站是结交伴侣的很好的渠道。一项调查

Cyberpsychology 互联网心理学：寻找另一个自己

表明，66%的交友网站用户曾经和网上认识的朋友见面，23%的用户通过交友网站找到了自己的另一半，41%的大学毕业生身边有朋友通过网络找到另一半。不仅用户自身觉得交友网站给了他们更好的选择，实证研究也表明通过交友网站结婚的伴侣具有更高的婚姻满意度。这也说明这种交友方法不仅更加便捷，同时也提高了成功率。在交友网站上认识的人通常会在两周以内进行线下会面，而会面时间越晚，越容易维持关系满意度。

因此，互联网看似提供了寻找伴侣的好机会，能够为人们节省时间和金钱，不用费尽心思思考开场白，也不用担心搭讪被拒绝。然而他们在线上的关系是怎样的呢？安德森（Anderson）和埃莫斯-索莫（Emmers-Sommer）认为，一些恋爱关系也许会一直保留在网络，两人从未真正见过面。这些仅仅存在于网络中的关系也具有亲密度、信任和沟通，并且会带来较高的满意度，与线下亲密关系异曲同工。然而区别在于，线上关系中的开放性比线下关系更加重要。这方面的研究也关注线上关系向线下转移，以及线下关系的传统影响因素对线上关系的影响。惠帝与盖文（Gavin）发现，有效的冲突管理和沟通时间的增加是从线上关系转移到线下的关键因素。在关系向线下转移之前，需要仔细地提前在网上相互交换信息、想法和感觉。网络情侣们认为，线下关系的维持和满足需要以下5种行为的支持。

（1）积极：表现得愉快，开心。
（2）开放：直接，自我表露，互相讨论彼此的关系。
（3）保险：承诺，爱，表现出忠诚。
（4）分配任务：遇到问题和任务时二者平等应对。
（5）社交网：花时间与共同的朋友或熟人在一起。

人们已经知道了自我表露在网络关系形成和满意度中的积极影响，然而，有时很难理解分配任务和花时间与共同的朋友在一起如何成功维持网络恋爱关系。很少有研究关注纯网络恋爱关系，人们认为恋爱关系的目标是发展到线下，并且产生身体吸引，而这些目标无法完全在网络上实现，因此，人们认为纯网络恋爱关系并不是真正的恋爱关系。然而，亲密性可以通过两个人花时间交流而建立，进而可能会分配或共享任务。同样，花时间参加公开的讨论组，与不同的朋友进行电话会议，一起玩网络游戏，分享照片，以及互相讲述自己与线下朋友交往的故事等，都可以满足维持线上关系的社交网这一方面。因此，网络关系被认为同样可以满足线下关系的这 5 个方面。所以说，与其尝试用线下交往的方法维持线上关系，或用线下关系的理论尝试理解线上关系，还不如发展一套新的理论研究线上恋爱关系的形成，并思考这是否足以称为一段真实的恋爱关系。是否线上关系一定要转移到线下才可以称为是真实的恋爱关系呢？很明显，需要做更多的研究来确定网络交友的"真实性"，特别是网络恋爱关系。下面，将注意力转移到另外一种网络上的关系，即家庭关系。

家庭关系

在本章中，探讨了不同属性的关系。到此为止，已经关注了柏拉图关系和恋爱关系。为了说明不同的 CMC 关系形成工具，最后一节来探讨互联网如何帮助维持家庭关系。互联网是认识新朋友、形成新关系的场所，也是遇见爱情的媒介，但同时，CMC 也扮演着维持线下关系的角色。互联网提供了很多沟通工具来与家人保持联系。随着社会流动性的增加，家庭成员有时会分散在不同的地区。互联网交流有它的积极面，同时，花大量的时间上网也有负面的影响。例如，上网时间过长可能会占据实际线下和他人互动的时间。很多媒体曾报道，花在网络上的时间占据了家庭成员相处的时间，并且，在家里使用网络科技相当于减少了传统家庭的价值，削

互联网心理学：寻找另一个自己

弱了家庭关系。随着移动设备的不断升级，人们可以更容易地接入互联网，从而不断增加这些负面影响。事实上，人们不再需要使用互联网来和他人互动，从而影响家庭关系。WhatsApp 和 Skype 等应用程序逐渐被大众广泛使用。回忆自己上一次出门和他人共进晚餐的场景。一定会发现有些餐桌上的人边吃饭边看手机。早期关于手机使用的研究认为，使用手机会对家庭产生负面的影响。尽管这项研究至今已有十几年的时间，并且在这段时间里手机的使用率飞速增长，然而切斯利 2005 年的研究发现表明了手机在人们的生活和工作中占据了非常大的比例。尽管研究没有说明究竟受访者用手机来做什么，根据目前很多可以接入互联网的设备，如手机、平板电脑、笔记本和掌上电脑等，不难想象，未来几年，电子产品在工作和个人的使用上一定呈增长趋势。无论是用何种上网方式，上网时间对于家庭关系都具有负面影响，因为它占用了陪伴家人沟通与互动、创造回忆、形成家庭氛围的时间。有研究表明上网时间越少，家庭关系质量越高。

尽管看起来互联网的使用对家庭关系具有负面影响，霍斯特（Horst）发现，对媒体的使用可以与家庭活动结合起来，为家庭成员提供更多机会进行链接。一些家长看到了这样做的益处，认为这个过程是从青少年的爱好中获益的过程，他们可以一起学习新的媒体，看电视、电影和网络视频，一起度过了宝贵的时光。还有人认为，手机或许是家长和下一代及其他家庭成员沟通的无价之宝。那些认为自己是家庭中心人物的女性，比较善于表达，他们可以从网络沟通中获益，例如，使用电话和邮件与距离较远的家庭成员沟通。通过互联网与家庭成员联系在代际之间也有差别，祖父母会更主动地通过互联网与儿孙进行沟通。关于互联网使用究竟对家庭关系产生积极影响还是负面影响，至今仍在争论当中。当然，这里提到的研究并没有详细调查网络沟通的类型及其产生的影响。因此，该领域还存在很大的研究空间。

―― 4 ――
在线关系

本章小结

本章探讨了很多种在线关系，包括恋爱、柏拉图和家庭关系。

● 表明了关系具有很多的形态，如柏拉图、恋爱和家庭关系，以及介于它们之间的其他类型。

● 列举了不同种类关系的亲密度，并探讨它们如何通过 CMC 来实现。特别关注了情感和身体亲密度，以及互联网如何实现或限制了它们。

● 列举了关系的定义，以此来说明并非所有的关系都是相同的。采用了鲍迈斯特和利瑞的人类**归属感**来说明不同种类的关系建立在不同的动机和需求基础上。

● 思考了一些影响线下关系形成因素在网络环境中的效果，特别强调了同质性和自我表露。当这两者在网络环境中进行后，他们的线下关系也会有所不同。

● 自我表露对于增加网络关系的亲密度和满意度，以及线上关系向线下的转移，具有直接关系。

● 本章提到了社会补偿和社会资本。不同类型的社会资本表明了资本的不同形式和来源，互联网的出现促使很多关系和链接开始在网络上形成。

● 大众媒体的使用牺牲了线下实际交往的时间，如家庭成员互动，减少了家庭链接。

● 本章首要的结论是人们总是在寻找关系，并且会使用任何工具来实现这个目标。他们会寻找适合自己动机和需求的工具，无论是寻找爱、朋友、联络或沟通。关键在于，互联网仅仅是一个新的形成和维持关系的工具。

5 在线群体

克利奥娜·弗勒德（Cliona Flood）
布兰登·鲁尼（Brendan Rooney）
汉娜·巴顿（Hannah Barton）
爱尔兰艺术设计和技术研究所

导论

随着互联网的发展，越来越多的人使用它来与其他在线群体进行聚会、交流和互动。线上的自我存在于他人的语境中。这个自我是别人看到的自我，与其他在线群体一起发展，一起互动，从其他在线群体中获取所需，共同工作。这些在线群体塑造了单个成员和社会的诸多方面。当心理学理论应用到网络世界时，许多社会心理学理论仍然是有用的，然而在某些方面，在线群体已经发展出了各种特色。

本章将探讨这样一些问题：为什么人们要加入网络环境下的群体？是什么原因促使人们加入在线群体的？网络群体成员将被赋予什么样的职责？人们会在许多因素的驱动下成为会员，如学习、联络和交际等。线上群体还可以帮助大众与专家们进行社交支持与协作，一起探讨他们共同关

5
在线群体

心的话题，分享经验，创造知识等。人们可以在线合作解决问题，也可以玩互动游戏。最重要的是，由志同道合的个人组成的多元化群体互动使人们走到了一起，在这里他们可以分享，得到反馈，成为变革的促进者，以及互相学习等。本章将看到，个人是怎样促进在线群体中的社会进程的。本章首先将探讨在线群体的定义和一些问题。然后讨论在线群体影响成员的思想或行为的方式的相似之处和不同点。其余部分为：（1）探讨个体成员在在线群体中的职能，以及个体成员能够获得的各种好处；（2）评判这些在线群体的成果，以及他们在社会中发挥作用的方式。

网络中他人语境下的自我

读者可能会感到奇怪，为什么会在一本有关互联网心理学的书中讨论群体。人类的生存依赖于与他人进行互动的能力，这种互动涉及认同他人，并将自己与他人区分开。依据本森（Benson）的描述，自我主要是一种表示位置的系统，是在进化和文化的交互中产生的，旨在讨论冲破人类物理边界和心理边界的方式。更重要的是，它可以将一个人置于与他人的关系中。没有别人的存在，就没有自我存在的必要。在亚里士多德的《政治学》（*Politics*）一书中，将人类描述为社会性动物。人们在群体中生活并进行互动，当他们独自一人时，身上仍然会体现出他们所在群体的特点和他们的文化底蕴。因此，这并不奇怪，随着互联网规模的扩大和功能的增多，它将成为一个社交场所。例如，游戏玩家们报告说，网络游戏的社会因素是玩游戏的最大动机之一。

互联网利用计算机为媒介的通信（CMC），如邮件和即时信息等，可以帮助线下"现实生活中的"群体保持联系。此外，还有大量的群体主要形成并存在于网络中（如一种极其罕见的疾病的支持群体）。通常，这些群体已经从线下发展到了线上,或者从线上发展到了线下。在某些情况下,可能很难确定一个群体是线上的还是线下的。例如,大学班级的 Facebook 小组。或许该群体是"真实的群体"或线下的群体;但如果该群体的主要联络方式是在线联络,甚至在假期或毕业后能够继续沟通,那么这还可以算是一个线下群体吗?

定义在线群体

阿诺德(Arnold)等将群体定义为"两个或两个以上的人,他们被自己和他人视为一个社会实体"。这可以适用于任何面对面群体,如工作、大学或社交场所等。群体的规模受限于其自身的功能和目的。但是,在线群体该如何定义?霍华德(Howard)和麦基(Magee)将在线群体定义为 3 个或 3 个以上的人,通过互联网形成一个群体并进行互动。这一定义针对的是基于文本的群体,例如,聊天室和论坛,或使用视频、声音和角色来进行互动的群体。社交网络工具在网络群体的发展方面十分有效,如 Facebook 和 MySpace 等网站为众多读者所熟悉。对在线群体进行归类的一种最常见的方式就是根据其主要功能,即大多数成员加入其中的原因。遵循该方法,霍华德将群体分为 4 类。第一类称为**污名化认同群体**。一般来说,这些群体的成员特点是在传统社会中不被接纳。例如,围绕性取向或极端政治观点形成的群体。第二类是为成员提供支持的群体。这些**互助支持群体**通常包括有医疗、健康或社会困难的成员。如果成员的经历是罕见的,也因此很难找到支持时,这些群体对他们来说是很有帮助的。第三类是**共同利益群体**,这些群体的成员有特有的娱乐方式或追求(如一个对游戏玩家或婚礼策划者开放的论坛)。这些群体通常用来分享某些活动的资源和经验。第四类是**组织群体**。这些群体的成员最感兴趣的是他们的工作任务。例如，一个委员会可能会通过网上论坛保持联系并开展工作。虽然霍华德的分类有助于深入思考各群体的目的，然而重要的是，这些类别可能不是相互排斥的。即一些群体可能符合多个类别。例如，有这样一个群体，他们为一些社会边缘群体的平等权利而进行活动（可以看做污名化认同群体），他们有一个共同的利益（可以认为是共同利益群体），但他们还是会重视提供支持（也可以看做互助支持群体）。

线上群体和个人

长期以来，社会心理学家都知道，置身群体中会对人们的思想、情感和行为产生正面或负面的影响。群体对自我产生影响的最有效的方式就是建立规范。**规范**是群体成员之间举止行为共享的标准，它们可以是明确的（规则，如在图书馆要保持安静），或者是不言自明的（惯例，如握手）。一旦人们通过社会化的过程学会了这些规范，他们通常就会遵循并服从群体成员们的要求，以适应并获得社会认同（称为**规范性影响**），这或许是因为他们认为这个群体所做的是正确的，或者认为群体成员的经验和知识更丰富（**信息影响**）。

正如线下群体那样，在线群体也有行为规范。成员有时通过亲身经历学习行为规范，有时把这些规范以规则或会员章程的形式写下来，而其他一些时候是由版主讲解或设置成**常见问答（FAQ）**板块。正如线下群体那样，在线群体可以使用警告或驱逐出群体的手段，（明确地或含蓄地）训斥违反规范的行为。在线群体中被驱逐出群体所造成的威胁力度并不亚于线下群体。例如，威廉姆斯（Williams）、张（Cheug）和崔（Choi）在一项网上实验中使用一个虚拟的投掷游戏，发现网络排斥会导致参与者的大部分行为失控，并使其情绪更加消极。为此，许多群体成员在在线群体中感受到了同样的社会压力，并试图在线上以社会凝聚力的方式呈现自己（但并不总是如此，正如接下来将要谈论的那样）。

除了会影响人们的选择和态度外，群体还会影响人们执行任务的能力。例如，社会心理学的一些最早期的研究中就明确了**社会促进现象**：由于他人的存在使人们在一个任务上的表现有所改善。但这往往仅存在于简单的或重复过的任务中。通常情况下，如果任务更为复杂或没有重复过，就会表现出社会抑制作用。随着社交游戏的兴起，这种现象在在线群体中是显而易见的。尽管事实上，游戏玩家不再需要在同一地方一起玩游戏，例如，娱乐软件协会（Entertainment Software Association）报道称，调查中有65%的玩家会利用定位功能寻找附近的玩家；也就是说，玩家在网上一起网游时，他们实际的距离是接近的。

为什么要成为线上群体的成员？

线上群体与线下群体在某些方面似乎是相同的。但在其他方面，它们又是截然不同的。例如，网络空间中的群体以特有的方式向个人提供了一个进行互动的空间，这种方式与面对面的环境中有所不同。在许多在线群体中，时间、文化和社会地位等都显得不那么重要了。在线群体中的沟通通常只涉及文字，往往缺乏非语言提示（当人们通过文字沟通时是看不到面部表情或当时的心情的）。这些空间的"提示过滤"的性质就意味着，与传统的线下群体相比，线上群体有一些独特的（正面的和负面的）特点。

成为任意的自我

在一个线上群体中，一个人可能会选择保持匿名，或者用化名来掩饰自己的身份。事实上，一个人可以以更好的呈现形式向其群体展现他们人格或身份（开放性、智力、年龄和性别等）的诸多方面。因此，可以说，

5
在线群体

网上群体是有助于印象管理的。即线上群体的成员有机会以更理想的方式向群体展现自己。也许他们可以尝试各种不同的角色,或者可以努力建立一个新的身份。然后,这种自我呈现的可塑性可以导致一些不同的网络社交规则或规范。例如,金(Kim)认为,当个体展示了某些社会交往线索后,可能被其他人放大为他性格中的一个特别重要的方面。另一方面,在缺乏社交线索的情况下,分享人口结构的相似之处可能会成为网络空间的重点。

除了提升以不同的方式在线呈现自己的能力之外,缺乏视觉提示、文化背景或其他社交提示等可以使表达变得随心而欲,这是在面对面的线下世界里无法实现的。为此,阮(Nguyen)、宾(Bin)和坎贝尔(Campbell)认为,在人们的印象中,个人信息的泄露更多地发生在网上。然而,直到他们看了这个问题后才对此假设进行了测验。从他们的研究成果可以看出,该假设并不简单,因为有许多因素可以导致信息泄露,如群体成员之间的人际关系、沟通方式和环境等。

影响自由沟通的一个因素就是苏勒(Suler)提出的**在线去抑制效应**。人们认为在线上可以不受他们传统行为方式的限制。他们认为自己与群体拉开了距离。苏勒认为,这种互动要么是良性的,要么是恶性的。良性互动可以让人们以新的方式探索自己和进行互动,这可以促进个人的自我成长。有些人可能会受益于自己的开放性和接受性,分享他们个人生活的方方面面,对于其他成员,他们可以是善良的和慷慨的。**恶性抑制**作用也可以提供机会让人们以日常生活中不常有的方式采取行动,然而,这些行为是消极的,是破坏性的。去抑制的社交互动涉及粗鲁无礼、刻薄的批评、愤怒、失控、网络欺凌、犯罪和其他暴力行为等。

成为群体的一部分

到目前为止,已讨论了群体成员如何管理及改变他们向其他群体展现自我的身份的方式。人们也可以仅仅通过从无数线上群体中选择并加入这样的群体来塑造和保持自己的身份。20世纪70年代,亨利·泰弗尔(Henri Tajfel)和约翰·特纳(John Turner)提出,一个人所属的群体可以塑造他的社会认同感。更确切地说,对于他们所属的和所认同的群体而言,那就是他们展示自己和看待自己的方式。社会认同感对于罗杰斯的自我概念是极其重要的。社会认同理论(SIT)认为,当人们认同一个群体时,将根据群体成员资格对自己进行分类,并将自己和别人进行对比。他指出,个人将从群体成员资格的角度定义自己,并通过与积极的、有价值的群体保持联系,通过私下与其他群体进行比较,来试图保持一个积极的身份。

不同群体的成员身份还可以塑造人们的行为。社会心理学的早期研究发现,人们会更加积极地面对所在群体(内群体)的成员,而面对其他群体(外群体)成员时就表现得不那么积极了。为了保持自己的自尊,人们通常会关注内群体及其成员的优势,同时,还拒绝与另一个群体即外群体的成员进行联系。这种对内群体的偏爱和对外群体的歧视可以增强人的自尊,但也可以激起"群体对立"的观念和行为。例如,泰内斯(Tynes)、雷纳德(Reynolds)和格林菲尔德(Greenfield)表明,对于青少年的在线互动,群体认同在线上交流中是显著的。这意味着,群体地位通常是网络身份的一个最典型的特征,并且,一个人对自己的群体优越性(种族优越感)的信仰在线上环境中是司空见惯的。过去一直认为,通过群体之间的竞争可以激活种族优越感,但是泰菲尔(Tajfel)称,仅仅被归类为群体成员就足以创建有竞争力的种族团体间的行为模式了。阿米凯-汉伯格(Amichai-Hamburger)表明,这一思维定势也适用于在线群体的行为,并且可以触发不同在线群体成员之间的敌对状态。

互惠和社会资本

从上一节可以看到，某些因素影响着人们对不同群体的认同。这种认同感很重要，可以决定人们在群体内的参与程度，并加强与群体的联系。在解释为什么人们会为在线群体做出贡献时，寇劳克（Kollock）承认了预期互惠的重要性，并对人们为此做出的贡献表示认可。互惠互利是社会行为的一个重要的激励因素。这可以解释为是一种交换条件。例如，信任和互惠已被描述为促进知识共享的最重要因素，并且可以通过非互惠的或非公开的信息对其进行破坏。人们做出贡献时并不是期望获得大的回报，但是为了提高对群体的承诺，人们所做的贡献必须得到认可。例如，Facebook设置的"喜欢"按钮就被有效地用于群体间的互动，从而有效地让群体成员承认了贡献作用，并加强了彼此间的互惠互利。这背后的理念是**社会交换理论**。该理论认为，当人们按照社会规范行事时，往往期望能够获得相互的好处，如赞美、认可和信任等。人们采取行动，以最大限度地提高自己的回报（积极的情绪，自尊），并尽量减少社会成本，如时间、精力，甚至是负面情绪。随着人们从群体获得的回报越来越多（赞赏和认可），对群体所做出的贡献也越来越多。

这里所说的回报是指人们成为群体的一员后所获得的**社会资本**。这是一个人从社交互动和网络上获得的集体利益。艾莉森（Ellison）、斯坦菲尔德（Steinfield）和兰谱（Lampe）认为，社会资本就是将社会集体，如人际关系网、共同体，甚至整个国家，紧密联系在一起的凝聚力。**过渡型社会资本**是指在薄弱的社会关系中，人们在受到彼此启发之后获得的利益；而**结合型社会资本**则是产生于情感支持和理解基础上的更强烈的社会关系。游戏及社交网站，如Facebook，已被证明增加了过渡型社会资本，但针对这些在线群体是如何促进结合型社会资本的问题所得出的结果却极为多样。

获取信息还是个人利益

人们之所以加入在线群体有很多原因，包括查询信息或获得个人利益等。然而，人们为了进行学习深造，也会加入在线群体的行列。慕课（MOOCs）使在线参与者们有机会获得他们感兴趣的领域的知识和技能。外群体为学习过程提供了一个重要组成部分，而评估主要是由同伴和网络论坛的参与者们通过削弱外群体效应来进行的。但并不是每一个学习者都愿意或乐于去促进群体进程。法国心理学家林格曼（Ringelman）的**社会惰化**理念是用于描述面对面的群体成员时常用的术语，个体在群体中并没有像他们在单独工作时那么努力。"**坐享其成**"一词是用来描述不对群体项目做出贡献，但会分享群体利益的个人。在线群体中存在社会惰化效应吗？当涉及群体参与时，虚拟环境有它自己的"个性"，且毫无疑问，人们以不同的方式进行互动，并对在线博客、论坛和在线社区做出贡献。例如，Bishop报道称，90%的浏览网站的人仅仅是信息的被动消费者，而不是该群体的贡献者。"**潜水**"一词自20世纪90年代就已经存在了。依据皮瑞斯（Preece）、诺尼科（Nonnecke）和安德鲁（Andrews）的描述，在线潜水要比离线更容易让人接受。人们潜水的原因有很多。随便看看、没有什么可以提供的、没有时间去贡献、只提示消息的数量或技术上的原因等，都是导致人们不参与的原因。一些人潜水是为了找出在不参与的情况下群体进行互动的方式，而其他人是为了探究预期的行为。有时候潜水是出于性格的原因，如害羞，甚至出于隐私的顾虑。有趣的是，皮瑞斯等人并没有发现潜水者们是"自私的坐享其成者"，即没有人只是索取而没有给出回报。海森维特（Haythornthwaite）认为，潜水行为是对信息过载的一种反应，这可以被认为是对网络社区中经常出现的混乱的一种反应。塞巴斯蒂安（Sebastian）

5
在线群体

已经确定了许多不同类型的在线群体的贡献者，如球迷、浏览式读者、否定论者、新手、爱慕虚荣的人、激进者、挑战者、信息提供者和爱戏弄别人的人等（参见 Giles，2010，和拉根（Ragan）的《公关日报》，有关这些不同类型的群体贡献者的更多细节可以登录 http://www.prdaily.com/Main/Home.aspx 进行查询）。

寻求帮助

互联网为那些寻求信息、帮助和肯定的人们提供了丰富的资源。例如，个人可能会寻求各种各样有关生活问题的信息，并为其寻求帮助，如健康、治疗、性问题、心理健康咨询和在线育儿问题等。这种帮助通常是非专业的和免费的。人们聚在一起，分享应对疾病的策略和治疗方法。他们分享自己的经验，听取并接受别人的经验，大体上提供一个给予帮助和同情的社交网络。自救或同伴支持团体主要是由志愿者进行管理的，他们都具有该主题相关的亲身经历。

与面对面的情况相比，在线社区的规模可以很大，且更多样化，所以，在线群体在一定程度上是有别于线下群体的。如前所述，这样的在线群体可能出现在线去抑制效应。一些成员在在线群体中自我表露的信息要多于他们在面对面的情况下表露的信息量。相比于在非虚拟情况下的行为，在线群体中的行为也可能更激烈。巴拉克（Barak）伯尼尔-尼森（Boniel-Nissim）和苏勒称，网上的帮助群体已经存在很长一段时间了，他们认为，就他们的有效性而言，其结果是矛盾的。他们综述了一些研究，并认为在线去抑制效应提高了个人能动性，并加强了人际互动。在窘迫时，写作、表达情感、收集信息和知识、成为社交网络的一部分、提高决策技巧和改变行为等因素都有助于参与者的赋权。他们认为，这样的群体通过参与帮助群体，可以提高幸福感、自信、独立性和自我控制能力。然而，他们也会针对潜在的不利因素发出警告，例如，越来越依赖帮助群体，远离人与人的接触，以及潜在的令人不愉快的应酬等。

无论如何，有强有力的证据表明，互联网使人们能够通过 CMC 来开发更好的应对技巧，特别是在健康领域。库尔森（Coulson）调查了肠易激综合征患者的支持网络。他在研究中表明，搜索到的 572 条信息可以分为 5 类社会支持——情感、评价、知识、网络和有形的援助。他的分析表明，该群体的主要功能是沟通功能和消息功能，特别是在症状的解释、疾病管理，以及与专业的医护人员互动的领域。凡·乌登-克兰（Van Uden-Kraan）探讨了网上的帮助群体对参与研究的患者在赋权方面产生的影响。他们证实，网上帮助群体的参与事实上就是给参与者赋权。

从前面的章节中可以看到，在线群体给人们提供了一系列的好处，可能会激励他们从事基于互联网的社会互动。但除了在线群体对个人的好处之外，在线群体还对更广泛的社会生产力和文化有着一定的影响。

在线群体和社会

当个人在在线群体中进行合作或展开竞争时，就会产生所谓的**集体智慧**。例如，在《群众智慧》（*Wisdom of Crowds*）一书中，索尔维奇（Surowiecki）描写了观众在《谁想成为百万富翁？》的电视游戏中是如何表现的，观众们当时给出的答案正确率为 91%，而个别专家给出答案的正确率仅仅为 65%。索尔维奇认为，"在适当的情况下，群体是非常聪明的，并且往往比他们中最聪明的人更聪明"。这种群体性的工作形式是建立在整体大于其部分的总和的观念上的，因此，集体智慧被看做一种人类表现的加速形式。因此，集体智慧一词侧重于该群体外显的表现，而不是任何个人的能力。事实上有些人认为，群体可以被定义为一个有独立头脑的个人理性代理人。

许多有进取心的组织和个人都成功地利用集体智慧的力量解决了问题，或指导了未来的个人和组织的行动。接下来将探讨如何以多种多样的方式培养并利用集体智慧。集体智慧可以在网上出现的关键在于，参与工作的个人是否形成了一个群体，还是依然以独立的身份进行回应。

在线合作学习

当参与者为了学习而进行讨论和合作时，集体智慧就表现出来了。更重要的是，参与这类在线活动能够表现出比面对面讨论更多的优势。CMC的开放性与民主性允许实时在线，甚至是同时进行交流并做出贡献，同时也允许对已经做出的贡献进行审议和反思。为了让团体一起工作和学习，这些优势是相当令人满意的。也有研究表明，CMC的特征（如在网络论坛中匿名或去抑制作用）创建了一个更加平等的参与环境。相较而言，本研究表明，在线下环境中，人们可能会承认或遵从更多被认为是"拥有较高地位"的人或意见。换而言之，当与他人面对面交谈时，该群体往往遵从那里地位较高的或最有资格的人。在网络环境中，贡献者显得更加平等。

然而，当涉及其他形式的在线群体工作时，CMC并不是绝对可靠的。例如，巴特斯（Baltes）、迪克森（Dickenson）、谢尔曼（Sherman）、鲍尔（Bauer）和拉甘（LaGanke）综述并分析了一些研究，其中，将群体工作中使用CMC和面对面沟通的决策做了对比。他们报告说，这两种类型的决策既有优点，也有缺点，但CMC独特的和新颖的性质意味着，为了有效地在一个在线群体中工作，用户需要开发他们的技能。因为这个原因，CMC并不优于面对面的群体。无论如何，他们的确认为，如果使用得当，它有可能会更加卓越。他们认为，可以采取具体步骤，以加强合作，增强建设性的沟通并促进平等。

众包

如前所述，集体智慧可以从集体讨论和群体在线合作中产生。大家一起工作来解决问题或探索信息。阮（Nguyen）指出，集体智慧必然涉及一些知识上的差异，甚至是对立的观点。在合作学习过程中，可能会针对分歧展开讨论，并且自己所持的观点可能会受到影响。然而，还有一个利用集体智慧的备选方案。该方案有可能简单地组合出一个答复，而不是妥协或对反应和想法做出评价。例如，一个个人或一个组织可能只看大量答复中最有创意或最受欢迎的解决方案。事实上，索尔维奇认为，互联网和CMC为聚集大量完全不同的贡献提供了一个独特的机会，从而产生优于个人或协作群体的解决方案。这种活动被称为"众包"。

杰夫·豪伊（Jeff Howe）将大型企业中员工或网络大型社群在群体外部寻求资源完成一部分工作的行为称为外包。据豪伊讲，众包是以"公开"的形式由企业操作的，帮助解决问题、完成任务或制定决策。通过允许大批群体为获得最好的结果做出贡献并做出决定，企业可以通过驾驭集体智慧来寻找真正卓越的理念。受欢迎的理念通常都会得到奖赏，打电话的组织或个人出于自身利益的考虑可以利用这些理念。因此，众包是企业研发过程中一种经济而有效地解决问题的方法。

众包主要受个人意见驱使，它有时会涉及合作意见书。例如，当群体可能协同设计已经讨论过的、选定的或已被他人投票表决的项目时。然而，为了确定行动或选择的最佳过程，众包强调的是大众知识的聚集，而不是合作。在集体智慧的各种用途中，众包各种主要类型的更多细节还存在进一步的区分。

5
在线群体

众包的类型

企业选择网络人群的方式就是让他们做这项工作。这可以被称为"众包劳动力"。有时,这些任务可能需要专门的技能,但有时候,它们可能只需要大量的有奉献精神的人。帕文塔(Parvanta)列举了使用在线人群监控通信的实例,也许是监控一个热线或其他类似的系统,当有消息传来时,该组织就可以知晓。如果某些任务是劳动密集型的,且不能利用软件实施,那么这些任务就能从众包中受益。例如,盖博(Graber)列举了Foldit的例子,Foldit是一个在线益智游戏,参与者将尝试去确定蛋白质的结构形态。专家综述了得分最高的解决方案。通过这种方式,人们在网上玩游戏的同时,科学研究就从集体智慧中受益。盖博指出,因为对一个玩家来说,唯一的激励就是在排行榜上占据一席之地,所以,Foldit是一种非常低廉的招募新成员的方式。

众包劳动力另一个常见的实例是翻译健康领域的文献。要想有效地翻译健康领域的文献,必须根据目标受众中的反馈信息进行精心设计,特别是当语言与目标受众不一致时。这往往是昂贵而耗时的。在这里,众包就为寻求大量的翻译人员提供了一个理想的机会。例如,特纳(Turner)、克利霍夫(Kirchhoff)和卡普洛(Capurro)指出,他们只花了12天时间,374美元,就招募了近400名参与者。作者认为,这种众包除了效率高外,还带来了参与人员的多样性。

第二种方法是众筹,它并没有把重点放在做众包这项工作上,这是因为它可以直接邀请大规模的群众进行捐款(通常金额较小)。**众筹**是创意创新种子基金项目相当普遍的融资方式。某些人可能为了实现短期目标或为了偿还一些前期的损失也会采用这种方式。众筹依赖的是个人投资,所以在很大程度上许多众筹项目取决于组织或个人说服他人的能力,他们要让他人相信，他们的项目是值得投资的。

某些人假借更为传统的数据收集或查找信息的名义也会动员群众的力量。**群众调查**可以以一种有效的方式从大规模的群体中收集关于各种主题的信息和反馈。大型电视真人秀中使用的短信投票就是群众调查的一个简单的实例。虽然该系统能够非常迅速地获得大规模群体的意见，然而研究结果表明，即使该系统得到了妥善的管理，还是会引发社会偏见和羊群效应。为此，帕万塔（Parvanta）认为群众投票更多的是一种意识生成工具，而不是一种市场调查方法。其他形式的群众调查可以获得有关参与者的知识、观点或经验的更高质量的数据和更真实的表达。例如，使用本科心理学研究项目的网上问卷调查。该问卷可以同时分发给大规模的不同的群体，以探索所谈论的变量。研究表明，网上问卷可以与不同形式的线下问卷相媲美，而且网上问卷还能有效地避免利用问卷进行调查时出现的某些"传统的"问题，例如，不愿意做出回应，或不愿意做出社会所期望的回应。因此，它们也可以被视为一种在线群众或团体调查的工具。

人群的动机

可以看到，企业和其他组织引入众包技术后获得了很大的收益，但是，这并没有解释是什么促使人群中的个体做出这样的行为的。为什么人们会为这些任务提供帮助、付出努力、做出反应，并生产商品或提供服务？

布拉姆（Brabham）针对群体成员对探索性访谈的反馈进行了定性分析。在以前研究的基础上，研究人员通过本项研究确定了人们从事众包服务过程的不同动机。他们有些人是为了获取奖金或奖励（经济上的收益），而有些人参与其中只是出于团体意识或希望为更大的目标做出贡献。其他研究结果表明，很多人只是出于喜欢，如网上十分常见的免费软件。特殊贡献者的动机会根据任务和组织的不同而有所不同。例如，一些人可能希

5
在线群体

望完善他们的技能,如摄影等,而其他人可能会将它视为一个机会,用以提升自我或完善他们的工作,并获得线下的就业机会。有许多人是出于对任务本身的热爱才参与到众包活动中的。

在研究贡献者动机时,布拉姆指出,对于某些个体,他们的活动可能代表一种潜在的成瘾,与其他的成瘾问题类似,如赌博或网瘾。这一问题是潜在的道德规范问题,专家们认为,众包活动已经给参与其中的人们造成了潜在的伤害。格拉博(Graber)等人认为,组织者利用技术手段致使人群中的个体极易受到诱惑,从而使使用者不断地参与其中。例如,"联盟"是一款游戏研究引擎,可允许组织将群体成员作为研究的参与者。这些针对联盟的研究还会向会员提供奖励,因此,可能会产生与老虎机一样的破坏性影响。格拉博认为,这里陈述的问题是错综复杂的,一些参与者可能是未成年人,极可能因此而受到伤害。为此,他们呼吁伦理审查委员会在评估众包活动时安排专门的人员进行审查。

人肉搜索

迄今为止,已经探讨了团体或个人利用线上群体行为实现各种目标的方式。然而,某些群体的行为并非总是结构化的,或具有策略。线上群体行为已经在使用的(或者在某些情况下自然出现的)另一种具有争议的且存在道德问题的方式就是人肉搜索(HFS)。即利用网上群体作为一种搜索机制,从而定位或确定以前匿名的个人。通常情况下,这种类型的搜索使用公开号召,通过暴露目标对象的个人细节,对媒体报道的该个人做过的某些事情做出回应。这种方式通常会扇起一种可感知的"正义感"、群体性的骚扰、公开的羞辱,或者导致报复行为等。然而,最近更多的研究已经确定了利用人肉搜索的其他领域,如揭露科学造假或像肇事逃逸那样的违法行为。探究人肉搜索的研究称,他们通常涉及一个比其他类型的众包更自然的群体自组织的形式。为此，影响其扩大的主要因素就是用户的数量或团体的规模，信息共享的方式，文化和亚文化的价值观，以及用户的计算机技能等。他们继续指出，一方面，它可以广泛征求公众的参与，打击违法行为，并阻止不道德的行为；另一方面，人肉搜索会涉及侵犯他人隐私，有时会引发暴力冲突，甚至产生意想不到的负面影响。

未来方向

如今人们常听说，互联网正在威胁着社会生活。有许多人都害怕自己的移动设备被没完没了地检查，人们时时刻刻盯着屏幕导致人类本性的改变，并创造出了一种新的独居动物。同时也存在另一种观点，人们认为新的技术帮助他们变得越来越社会化，越来越人性化，同时还更为有效地促进了这一进程的向前发展。虽然各个方面都持有有效的论点，但是这些辩论往往专注于在线与离线的对比，如果线上和线下之间的联系密切，那么这些讨论将很快受到限制。随着技术的发展，线上与线下的差异变得越来越小。技术将人们聚集在一起，并通过整合线上和线下两个世界来保持群体的存在。在这段时间里，研究人员拥有一个绝佳的机会去探索新的和不断变化的社会环境中的人类本性，但同样，人们有责任通过这些变化将社会引导成为一个积极发展的世界。

本章小结

● CMC 有助于线下"现实生活"群体保持联系。互联网还可以使那些没有机会在"现实生活"中遇到的人形成虚拟群体。

在线群体

- 霍华德的 4 种群体类型可以有效地将不同类型的网络群体进行分类，即污名化认同群体、互助支持群体、共同利益群体和组织群体。

- 线上和线下的群体有相似之处。然而，线上群体必须考虑，由于缺乏图像形式的社会提示、"提示过滤"、去抑制效应和印象管理等，人们可能会有不同的行为，以及必须考虑一个人如何能在网上构建自己的自我意识。

- 用户可以从线上群体中受益，并且在与志同道合的人进行沟通时获得帮助。他们可以彼此分享，互帮互助。群体在网上参与网络游戏或解决问题都是有可能的。

- 在线群体也并不是没有挑战和问题。并非所有的群体成员都能给在线群体做出同样的贡献。社会惰化可能会成为一个重大问题。线上群体可以对社会产生巨大的影响。集体智慧、协作学习及众包可以拓展知识和学习的边界。

- 在线群体可以展开研究，也可以为研究做出贡献。

6 社交媒体与网络行为

布兰登·鲁尼（Brendan Rooney）

艾琳·康纳利（Irene Connolly）

奥利维亚·赫尔利（Olivia Hurley）

格拉尼·柯万（Grálnne Kirwan）

安德鲁·鲍尔（Andrew Power）

爱尔兰艺术设计和技术研究所

导论

　　社交媒体和社交网站是许多用户日常在线活动的重要部分。这些网站通常都实行实名制，并且往往涉及用户与其在线下认识的个人在线上进行互动。"实名制"和"离线联系人"的使用表明，过去主要的在线互动方式已经发生了明显变化，先前的互动通常使用昵称，并且互相之间仅仅是网友关系。在社交媒体和社交网络普及之前，许多在线研究人员调查了个人在网络环境中展现的高度理想化或经过加工的自我呈现方式。社交媒体和社交网站为自我呈现和自我形成认同感带来了新的方式。在很多情况下，它反而似乎带来了一个更真实的自我，用于取代那个理想化的自我。然而，在很多情况下，用户似乎仍然有意在他们的档案中的某些方面描绘一个理想化的自我，特别是在性格等方面，如善于交际。

在本章中，将概述社交网络如何为人们提供一种新的、强大的工具，以形成、改革、描述和呈现自我。一方面，技术使人们从所做的或所说的事情中解放出来，从而使人们能够自由地以各种方式来展示自己。通过分享图片并在图片被流传出去之前编辑博客，可以阐述并重新定义自己的行为。然而，另一方面，人们所做的和所说的事情在网络环境中比以往更加容易理解，更普遍且更为持久。当想起那些疯狂传播的"dance fail"或有虐待动物嫌疑的视频，以及想到这些事件是如何改变人们对视频中的人的印象时，就会意识到社交网站（SNSs）显然会给自我带来伤害。

本章将探讨一个真实自我与理想化自我在社交媒体和社交网络中的写照，以及在社交网络上进行自我管理和自我伤害的方式。为了说明原因，本章通过探索4个有用的领域中的社交网络行为，仔细思考这些自我管理和自我伤害的问题。这4个领域分别是社交网络的政治用途、运动心理学、网络欺凌和网络犯罪。

自我：现在和未来

在日常生活中，可以把自我视为是永恒不变的。人的自我是让人能够在自己所生活的这个千变万化的世界中生存下来的那一小部分。它陪伴人们的时间最长，是人们所有的思想和情感的中心。然而，在心理学的历史上，关于自我的主要理论展现出了多元变化的自我模式。事实上，多元化自我理念是大量不同自我理论间的一个主要共性。威廉·詹姆士（William James）是心理学领域最早也是最有影响的思想家之一，他提出了一个能够

Cyberpsychology
互联网心理学：寻找另一个自己

区分身体自我和社会自我的模型。詹姆士写到，社会自我是指人们被他人熟知的程度，即所谓的"荣誉"或名声。这涉及所讲述的有关自己的故事或者在社交场合的行为方式。之后，理论家如乔治·贺伯特·米德（George Herbert Mead）和西格蒙德·弗洛伊德（Sigmund Freud）还区分了不同的自我或自我的各个方面。他们描写了人们在特定情况下立即的本能反应和冲动之间的区别，以及在社会中符合预期、社会行为与规则的自我。希金斯（Higgins）利用**应该自我**的概念描述了当人们必须以一种特定、应该采用的方式行事时，人们在社会环境中展示自己的方式，如对年长的陌生人有礼貌或在等公交车时排队等行为。

卡尔·罗杰斯（Carl Rogers）是20世纪五六十年代兴起的人本主义心理学运动的先驱，他视自我为一种现象学的经验，并强调了每个人的积极向上的潜能。然而，他还是提出了一个结构化的"自我"理念，该理念涉及自我呈现方式。这些呈现来自人们自己的思想和行为。根据罗杰斯的理念，所有关于自己及他人是如何看待自己的一系列的想法形成了自我概念。但更重要的是，罗杰斯将自我概念和理想自我——人们希望自己成为的样子、人们的目标等进行了区分。据罗杰斯所说，这个理想自我是动态的，永远适合于人们生活中的事件和新的自我概念。人们不断地将现实自我和理想自我进行对照，对自己的自我概念进行评价，而这些评价就引发了自我价值的概念。例如，一个运动员可能想要成为更快的短跑运动员，他们可能认为在这一点上他们是欠缺的。自我概念和理想自我之间的不一致性可能会导致诸多问题。而这些问题就引发了自尊的概念。自尊与自我概念有关，是自我评价的产物。它是人们赋予自己的思想、行为和能力的整体价值。

大多数作者承认同一时间和同一环境中的自我行为意识与长久存在的自我提升意识在二分法上的差异。达玛索（Damasio）和格拉戈（Gallagher）

称这个持续的自我为叙事自我，连接着基本的互动和经验。通过这种方式，叙事的自我可以被认为是"我的故事"。本森（Benson）认为，叙事的自我将过去、现在和未来的想法和行为连接在了一起。这种叙事的自我是**身份**的依据，是整合了经验和目标后的自我描述。一个人的身份是他们思考和表达他们的个性或人际关系的方式。叙事自我会通过增加新的内容和重新评估旧的因素而不断发生变化。因此，通过叙事展现的自我是一个动态的过程。根据本森的描述，这种动态叙事自我的另一个重要特征就是，像所有的好故事一样，它深深根植于一个社会的、文化的和历史的背景中。

因此，从以前的心理学理论和研究中可以看到，自我是两件事。它是人们在特定情况下做出反应的方式，也代表了在许多情况下的表现和反应方式。它是人们所构建的陈述自己思想和行为的故事。因此，在塑造自我时，人们所讲的故事或者说所表现出的形象是非常重要的。人们有意识或无意识地从好的角度展示他们自己，并从正面影响他人对事件的感知。这种行为被称为印象管理——对其他人形成的印象的管理。同样，可以用同样的方式为面试或第一次约会尝试呈现自己的最佳状态。这样，人们管理自我呈现方式，从而表现出一种理想中的形象（理想自我），或认为自己应该表现出的形象（应该自我）。在本章的其余部分，将把这种类型的自我称为管理中的自我（理想自我或应该自我）。一些理论和理论家称其他类型的自我为"真正的"或"实际的"自我。其他人对"任何人都有任意一个真实的自我"的观点提出了质疑。为此，在本章中，将使用真实的自我这个术语来指代不太理想化的或未经过多管理的自我。

自我和在线匿名

在现代，人们的自我越来越多地在线上展示出来。社交网络出现之前，

互联网心理学：寻找另一个自己

人们主要利用互联网来搜寻信息。20世纪90年代末以来，谷歌一直是领先的搜索引擎，是头号的互联网应用程序。怀特（White）和李克努（Le Cornu）指出，信息收集和社交网站之间的关键区别就是，后者邀请人们通过文本、图像和视频等把自己的在线形象打造为一个在线身份。随着技术日益进步，出现了新的、更强大的方式来进行印象管理。在网络环境下，人们可以在他们的生活领域中引入印象管理的技术，在这之前，印象管理在面对面的互动中是不受他们控制的。在线身份绝不等同于人们现实生活中的身份；人们可以创造自我并再造自我，挑选他们的性别及他们在网上展现的细节。在网上，人们可以管理自己要向他人展示的一切，可能会有更积极的表现，甚至可以对呈现自我的图像和视频进行编辑或处理。

能够对身份进行管理就使人们有机会在网上匿名存在。一个人可以通过使用昵称，不暴露任何个人真实信息，来试图隐藏自己的身份。这就是经常在媒体上描绘的"匿名黑客"的特征。在互联网上匿名存在就可以对一个人的行为产生去抑制效应，并消除责任感。在网上匿名存在，再加上个人的抑制力遭到破坏，就有可能使人们原本正常的行为变得不可理喻。在《未来心智》（*Future Minds*）中，理查德·沃森（Richard Watson）写道，网络匿名性正在侵蚀着人们的同情心，并助长了反社会行为。稍后，将会看到一些有关网络欺凌和网络犯罪的例子。

一方面，网络能够使人们匿名存在，而另一方面又可能会泄露大量的个人信息，如他们的名字、生日、地址、职业、兴趣，以及他们在Facebook等社交网站上的爱好等。然而，大多数用户都处于两个极端之间，他们提供了某些个人信息，但又能根据具体情况选择要提供的信息细节。而在游戏或博客网站中使用游戏中的身份或假名是司空见惯的，社交网络中可以同时存在线上和线下的朋友或联系人，从而使用户越来越倾向于使用他们的真实身份。

现在人们已经不像以前那样管理或隐藏在线身份了。这可能是因为，人们如今已经把上网视为了一种日常活动。这一变化是在最近才发生的，反映出了时代的变化。过去，强森（Johnson）和珀斯特（Post）认为，网络空间是一个不同于现实世界的新的空间，且该空间里有着不同的规则。他们认为，在线下，物理空间中地区、国家和民族等边界的划分具有法律意义。信息空间则可能具有一套全新的规则，进入信息空间，通常必须访问一台计算机，并输入密码。从这个意义上讲，需要跨越一个界限才能到达"那里"。

如今，互联网已经成为了人们生活的另一个组成部分，而不再被视为是有着不同规则的某个地方。例如，切斯特（Chester）发现，在线自我呈现更多地受到参与者当下对自己看法的影响，并且自我特质中比较核心的部分比不太重要的部分在网络上呈现得更多。切斯特也发现，人们十分渴望呈现真实的自我，这可能是由于参与者渴望在网上与他人取得联系。当前人们越来越多地在社交网站上与熟人联系，这就使人们觉得即使改变在线身份也不会有什么好处，并且无论首次认识某人的地点是线上还是线下，人们都会继续呈现一个不那么理想化的自我形象。

正常情况下，不是所有的互联网用户都能准确地描述自己。博伊德（Boyd）、荣（Jung）、汉索科（Hyunsook）和麦克伦（McClung）描述了在社交网站上使用虚假信息的情况。切斯特也指出，虽然有些人的确进行了身份管理，但这些人更多的是那些相对缺乏上网经验的人——他们可能花费了更多的时间来上网。参与者也指出，在网上持续使用一个不诚实的身份是很难的。一些研究［如哥斯林（Gosling）、盖迪斯（Gaddis）和瓦兹勒（Vazire）］对许多在线陈述的准确性表示支持，他们将人们查看Facebook上的人物简介后形成的印象与日常生活中对其形成的印象进行了对比——这两种对人物个性的印象在某种程度上是一致的。

互联网心理学：寻找另一个自己

用户可以根据他们自己的意愿创建身份，但这个身份是受到一定限制的，因为他们在网上存在的群体环境与他们线下的环境间存在着重叠部分。那么，这样一个网络世界的影响是什么，对什么产生了影响，影响的程度有多深？对不同的用户而言，他们交织在一起的线下世界和线上世界是如何对其自我产生影响的？在接下来的部分，将审视生活中的某些领域，这些领域详细地说明了社交网络是如何有助于自我管理或对自我造成伤害的。例如，确定了一些经常采用印象管理的特定领域，如政治家对社交网络的使用，运动员用社交网络了解他们自己的表现，并与他们的球迷进行互动等。另一方面，社交网络还与生活中很多的消极方面有关，如网络欺凌和网上犯罪等。

社交媒体的政治用途

对从政人员来说，自我身份和印象管理尤为重要，他们需要熟悉他们所代表的利益和沟通偏好。许多政客们已经开始利用社交网络对身份进行管理。因此，社交网络在作为公众代表的政客中的作用越来越重要。在英国，一些研究显示，议员中的某些人已经通过即时通信、博客和社交网络等来提高他们的能力，以发挥他们的代表作用。

在某种程度上，政客们可以通过选择性地披露他们的私人生活来树立并管理他们的形象。他们利用互联网来表明他们有好人缘，并且可以向公众展示他们在音乐、体育、运动或电影等方面的个人兴趣，从而体现出他们的幽默感或其他想要披露的个人特质。杰克森（Jackson）和里克（Lilleker）发现，对于推特上半数以上的英国国会议员来说，这个社交网络已成为他们政治生活的一个常规部分。

政客们似乎更喜欢使用推特（Twitter）而不是Facebook。部分原因是Facebook上的功能使用户"喜欢"或成为某个政客的"追随者"。这样的结果，除了那些已经绝对忠诚于某个特定的政治家或政党的人外，都可能会感到气馁。如前所述，在社交网络上分享个人的好恶就会展示出一个人的自我形象。社交网络的用户需要管理这些陈述，他们可能并不希望显示出他们喜欢某个特定的政治家，或者他们是某个政客的"朋友"。为此，某些使用推特网的政客们试图通过在Facebook上注册一个类似于推特网的账号来解决这一问题。然而，他们这样做通常会导致与他人的互动减少，或者在Facebook上的经验增多。使用Facebook的政客更倾向于像普通会员那样利用这一媒介与朋友们保持联系，而不是作为他们发挥他们代表作用的一部分。然而，他们对推特网的使用似乎更为集中。在推特网上他们是辛勤工作的国会议员，是选区的公仆，是具有强烈的个人和政治认同感的个体。杰克森和里克认为，这样的"推文可以打破议员与代表之间的障碍，可以激发出更多的信任和更大的利益，并为议员改善被媒体贬损的形象"。他们还认为，"如果议员和公众开始聆听彼此，达成一致意见，并因此使微博客平台发生改变，从而纳入更多人参与的供人分享的平台，那么他们就可能会获得更多的民主利益。"

政客的推特账户的影响力要大于关注者数量。这是因为有许多媒体的记者关注了他们的账户，这些记者阅读政客们的推文，从中提炼他们感兴趣的内容，并以更传统的媒体形式进行出版。在推特网上可以进行更直接、更及时的沟通，与传统形式的政客们与公众间的沟通相比，这种方式不太可能被调停。杰克森和里克表明，使用推特的政治新闻记者倾向于追踪所有使用推特的议员，这就表明在其他媒体上加大宣传力度对他们有好处。

对于政客而言，推特似乎有两个功能，即自我提升和与选民保持联系。希尔（Heil）和皮科尔斯基（Piskorski）在30万名推特用户中展开了调查，并指出90%的推文是单向的，采用的是一对多的广播式沟通。该研究认为推特是一种自我提升的工具，完全符合政治沟通的标准。然而，政客们利用推特还可以构建自己的通信网络。来自Tweetcongress.org的布拉德利·乔伊斯（Bradley Joyce）指出，发推文可以帮助政客们迅速而明确地与选民进行沟通。在社交网络技术出现之前，大多数的网络政治活动都是单向的、注重内容的电子手册。网站、即时通信和博客旨在促进他们的政治工作，并促进他们对时事进行思考，但这样的互动是有限的。他们转向社交网络，至少能够增多与选民的接触。杰克森和里克认为，政客们试图通过成为其选区努力工作的人来获得个人的选票，并且为了向公众展示他们在某些活动中起到了作用，他们必须有一个印象管理策略来宣传他们的成就。他们认为，推特可以在这方面给他们提供帮助。李（Lee）和申（Shin）认为，"人们使用Facebook主要是为了维持相互间的关系，而使用推特则是为了分享信息"。这一点似乎符合政客们对推特的使用特点。

在科尔曼（Coleman）和布拉姆勒（Blumler）的描述中，政客们作为公众讨论的促进者发挥了新的作用，他们不再是专注于逐渐脱离自己阵营的观众的演说家。他们还指出，所有级别的政治家最常见的一个错误就是，他们认为网上交流的资源丰富，能够将信息传播给更遥远的观众。在他们看来，"当互联网被设想为一个中心分散的分配空间时——一个网络的网络（a network of networks），其中聚集了权利——它将有可能吸引更多的用户"。

因此，使用社交网络可能是一种在线管理形象的非常有益的方式，特别是在政治领域，形象管理对于政客们的职业生涯而言是至关重要的。然而，政客们当然不是社交网络的唯一使用者。那些从事与网络没有太多直接关系的工作的人们也在使用社交网络。接下来将看到他们如何直接或间接地利用社交网络对他们的身份进行管理。

运动员和社交媒体

坎贝尔（Campbell）指出，"全世界有超过7000万人在推特上关注专业运动员和团队，另外4亿Facebook用户单击了体育明星和团队专有页面上的'喜欢'按钮"。然而，依据桑德森（Sanderson）和卡辛（Kassing）的观点，尽管可以使用其他社交媒体平台，如Facebook、Instagram和领英等，但是绝大多数的体育明星们还是选择使用推特网。在运动心理学领域工作的学者们，就像他们研究互联网心理学和政治学的同行们一样，也开始对社会媒体中报道的这种繁荣感兴趣了，尤其是对他们自己的体育界内的繁荣产生了兴趣。他们已经开始研究这种现象对其运动员粉丝的影响。许多运动员似乎已经被吸引到了推特上，就像政治家们在之前所讨论的那样，他们将其视为一种特别的社交媒体，这是因为在推特上，他们可以直接与支持者和追随者进行交流和互动。这样的互动方式使他们摆脱了"中间人"这个角色，而这个角色在以前往往是由记者充当的。社交媒体的这一好处吸引了很多运动员，而这些运动员可能曾经就被这样的记者在采访中曲解过。然而，运动员在社交媒体如推特上的交流还令研究人员对人们在网上呈现自己的方式产生了兴趣，进而对受欢迎的、注重成员表现的群体进行了研究。"运动员们如何在网上管理他们的公众形象，以及真正的私人的、个人的形象？""他们在社交媒体上的互动如何能够对线下的自我造成潜在的伤害呢？"诸如此类问题的答案很好地回答了"运动员如何在网上实现真正的自我保护，同时又以对其有潜在好处的方式呈现受管理的自我"等问题。

运动员接受新的社交媒体的证据在2012年伦敦奥运会期间随处可见，这届奥运会又被称为"推特的奥运会""社交媒体奥运会"或"社交奥运会"。

但是，为什么运动员会加入推特呢？人们已经提出了一些运动员使用推特的原因。第一个原因是，推特能够让人们进行及时联系，并且可以提供关于世界的信息。对于体育运动的粉丝和观众而言，利用推特进行通信可以缩小他们和他们的体育界的偶像之间的"距离"。它允许两个群体进行互动，并直接进行相互交流。因此，发微博可以被视为是"人与人"在通话，实际上这不是当事人亲自在通话，然而却给人以真实的在与人切身联系的感觉。第二个原因是，人们可以利用推特来进行消遣，甚至在团队内部展开竞赛，许多团队成员比赛，看看谁在推特上获得的"粉丝"最多，或者在Facebook上获得"朋友"最多。鉴于通常认为许多优秀运动员在本质上是喜好竞争的，因此，为了竞争而使用这样的社交媒体或许就不足为奇了，并且使用这样的媒体还能给运动员提供一个加强、提升或缓和他们的运动认同度的途径。运动员认同感是一个术语，用来描述运动员们对体育运动的投入有多大。通常情况下，运动员高度投入到体育运动中，但并不是过度投入其中。人们鼓励运动员对体育运动以外的事物产生兴趣，并与体育界以外的人交朋友，这有助于在运动员生活中保持平衡，而在此过程中，社交媒体上的互动可能会起到帮助作用。第三个原因是，有些运动员通过在役时开创自己的事业，为自己的将来寻求保障，而推特就为他们提供了与他们的消费者建立联系的途径。事实上，所有的社交媒体都允许运动员宣传他们的"品牌"，销售他们的业务产品。为了实现球队推广的目的，有些球队甚至想到将队员的推特账号印在球衣上。

对记叙性报道而言，运动员们使用社交媒体的原因是很重要的，但也许令研究人员更感兴趣的是，在这样的社交媒体上，运动员究竟说了什么，他们的沟通如何帮助他们塑造"公众"和"私人"自我，或他们的真正自我和管理中的自我。佩格拉罗（Pegoraro）研究了运动员使用推特的情况，其评论说，运动员倾向于使用推特来与粉丝分享他们的日常生活，并回答粉丝们关于他们的运动生活或私人生活的诸多问题。粉丝们可以阅读或观看（如通过在推特或 Instagram 上贴出的照片）在优秀运动员的日常生活中发生的事件的照片。这样就可以使这些支持者们与运动员之间建立起一种准社会关系。准社会关系是指受众与媒介名人之间的关系。在这种关系中，受众非常了解媒介名人的活动，譬如一些知名的运动员；然而，这些运动员并不了解公众，公众只不过是他们在推特上的"粉丝"，或者 Facebook 网页上的"朋友"而已。粉丝们可以阅读运动员的每日推文，并有这样的感觉："嘿，他们跟我一样！做很平常的事情，比如洗衣服，喝咖啡"。然而，运动员在网上晒出的事情可能只显示了他们的理想自我，即他们希望公众看到的自我。这个自我通常是他们自认为公众希望看到的。当然，这个自我可能与他们更加真实的自我很相近，也可能与运动员真实的自我截然不同。当运动员参加电视节目或接受采访时，他们所呈现的自我就离他们真正的自我更远了。这可能就是人们为什么经常说"永远不要和你的偶像见面"的原因吧！运动员在人们的脑海中树立的形象有可能与实际见到本人后的印象并不相符。如果该偶像已经在某种程度上极大地影响了一个人的生活，而这样的遭遇致使这个人"童年的偶像梦想破灭"，那么这种情况甚至可能是令人痛心疾首的。

如前所述，许多运动员利用社交媒体，如推特，来使他们自己的声音被公众听到。但这种说法在现实中是真的吗？他们的声音真的能被公众听到吗？或者，在某些情况下，其他人是在讨论他们的行为吗？例如，攻击性的推文可能是黑客、朋友或者"友敌"制造的，他们偷偷地拿着某个团队成员的手机，并冒充那个人发送推文。这种行为通常被称为"Fraping"。"Fraping"这个自造词是用来描述人们保持 Facebook 主页登录状态，但不对其进行管理，而别人通常以滑稽的或令人尴尬的方式对其进行更新的情况。然而，这样的行为有可能会伤害一个运动员的自我，这是因为这样做会让运动员受到嘲笑和网络欺凌（这一点会在稍后讨论）。推特这样的社交媒体可以为"Frapists"提供掩饰用的昵称，因为在这种情况下，遭到戏弄

互联网心理学：寻找另一个自己

的运动员才是这些恶意的帖子真正要给予负面评论的目标。社交媒体上公众成员贴出来的令人讨厌的评论形象地说明了在 2012 年伦敦奥运会期间，有人在推特上针对英国跳水选手汤姆·戴利和他的搭档皮特·沃特菲尔德（Pete Waterfield）在男子双人 10 米跳台项目上的表现，发表了一些很不友善的评论。最终，这些恶意评论者被警方逮捕。这个案例给那些企图参与网络欺凌的人们一个教训，因为大多数人认为他们的在线活动不能被追踪（参见下一节）。然而现在，网络欺凌对运动员的自我所造成的伤害只是作为一种研究心理学的有价值的途径被提了出来。

使用社交媒体给运动员带来的负面影响促使 2012 年伦敦奥运会的官员们在比赛开始之前，就竭尽所能地针对在奥运会期间运动员和志愿者对所有的社交媒体的使用问题提出了建议。有趣的是，布朗宁（Browning）和桑德森报道称，虽然运动员经常要面对社交媒体如推特上的负面评价，但他们还是会坚持使用，并且会经常频繁地浏览上面的评论，看看别人在说些什么。学生运动员在接受布朗宁和桑德森的采访时说，他们并没有因为有关他们的负面评论而感到烦恼，这就意味着他们真正的自我没有因为这样的帖子而受到伤害。然而，布朗宁和桑德森报道称，虽然运动员频繁地"检查"他们的粉丝在推特上针对他们所说的内容，但他们并不相信他们所说的话。也许运动员们很在乎，只是不愿意承认罢了，又或者在实际情况中，他们的在乎程度比他们自己意识到的要多。

虽然事实上，别人对运动员的评头论足对他们的自我意识的影响很大，可能超出了他们愿意承认的范围，但是，同样重要的是，运动员是如何具体地、有目的地在社交媒体上展示自己的。一个很好的例子就是纽卡斯尔联队的球员乔伊·巴顿（Joey Barton），尽管他引起争议的微博塑造的是一个有时爱发脾气的形象，但在对他的评论中人们也认为他是相当沉着的。这一点就说明了，社交媒体能够表现运动员个性的多面性，或许这就为了

6
社交媒体与网络行为

解真正的自我提供了一个窗口。推特允许开放式的通信，为运动员提供了一种展示他们个性多面性的途径，这些在采访中或在他们参加比赛时是不经常表现出来的。然而，他们有时也会在社交媒体上发布不明智、轻率的评论，在这方面，运动员跟平常人没有什么不同。在记录中，有许多运动员发表过有争议的推文。一些帖子导致运动员面临严重的后果，如接受他们的俱乐部和体育组织的罚款和禁止令，这些行为被认为是合理的，但对运动员的自我却是非常有害的。一些运动员甚至因为他们在社交媒体上发布的帖子而面临刑事指控。这些问题导致很多俱乐部和体育组织对他们的运动员实施了"推特禁令"。例如，北卡罗来纳大学足球队 The Tar Heels，在他的一名球员马文·奥斯汀（Marvin Austin）发布了自己消费习惯的推文后，对使用推特的球员颁布了一项禁令，因为这样的信息会使该运动员成为公众关注的焦点，从而令他们能够在业余体育运动范围内，从未经许可来源中获得资金。奥斯汀在纽约巨人队谋到了立足之地的同时，北卡罗来纳大学足球队 The Tar Heels 却受到了诸多方面的惩罚，包括强迫缴纳 50000 美元的罚款，不允许参加 2008—2009 年的大学生足球比赛等。可以认为，这样的结果也可能会损害到他们的团队认同感。

由于使用社交媒体使运动员的自我可能会受到伤害，有些学校也开始监测他们的学生运动员对社交媒体网站的使用，许多教练在一定的时间内禁止他们的运动员发帖，但他们往往会同意他们在参加比赛前和比赛结束后发帖。一些体育界的领导人经过反复推敲，甚至认为推特是危险的（包括纽卡斯尔老板艾伦·帕杜（Alan Pardew）和曼彻斯特联队的前教练亚历克斯·弗格森爵士在内）。2011 年，当提到推特时，亚历克斯·弗格森爵士曾说过："我真的无法接受！"事实上，人们发现曼彻斯特联队在"尽最大努力忽略它（推特）"。然而，与此相反的是，在最近的一次采访中，他们引用了罗素·斯托普福德（Russell Stopford，曼彻斯特市数字媒体主管）的话，"曼彻斯特市现在已经成为了一个数字化领先的品牌。社交媒体符合俱乐部的品牌价值：透明，且能够给球迷们提供一些独特的东西"。斯托普福德继续说到："我们不积极鼓励运动员使用推特：这是他们自己的事。但是，如果他们想要使用社交媒体的话，我们会用最好的方式支持他们"。这样的评论表明了俱乐部（如曼彻斯特市足球俱乐部）对社交媒体为他们的球员提供与他们理想的自我进行沟通的途径的态度，这种方式可以有利于他们树立俱乐部的个人形象及公众形象。

最近，足球迷网站 fourfourtwo.com 也做了类似的调查，他们询问了 100 名专业球员有关他们运动的一些问题，包括服用娱乐性毒品、名望和金钱等。当被问及运动员们是否应该禁止使用社交媒体推特时，有 70%的人表示"不同意"这一做法。因此，运动员似乎承认使用社交媒体会造成消极的影响，但他们似乎并没有准备不再使用社交媒体。看来，那些管理这些体育明星的人必须继续允许他们使用这样的社交媒体来向公众描绘自己，同时对此给予支持，并建议他们用最好的、最有利于他们自我形象的方式来进行描绘，并且当他们参加比赛时，尽量减少技术对运动员所造成的负面影响。

网络欺凌

专业人士，如政治家和运动员，越来越多地使用社交媒体来提升他们的形象，这样也就提高了这些个人遭受网络欺凌的风险。然而，在现实生活中，只要是使用社交媒体的人都有面临被欺凌的风险。网络欺凌被定义为"由群体或个人利用电子形式的接触，对无法轻易捍卫自己的受害者屡次进行的一种侵犯性的、故意的行为"。研究表明，网络欺凌给青少年的心理带来的压力越来越大。然而，对于年轻人而言，利用社交网站进行在线交流在他们的社交世界的发展中起着至关重要的作用。他们的自尊和自我概念可能会受到他们在网上与他人的互动的影响。关于欺凌和自尊的文献一直认为，受欺凌者的自尊心往往比没有受到欺凌的人的自尊心更容易受到伤害。可能是被欺负的经历会降低人们的自尊，或者那些有自卑感的人更有可能成为欺凌行为的对象。除此之外，研究发现，那些在网上受到欺负的人的自我概念要弱于那些没有被欺负的人。这一发现的意义就在于，自我概念弱的人除了对自己的看法比较消极，常常自我否定，认为自己一无是处外，可能还常常感到悲伤、情绪低落、焦虑、内疚、羞愧、沮丧和愤怒等。尽管网络欺凌会对自尊和自我概念造成潜在的伤害，但是年轻人仍会经常访问社交网站。关于年轻人是否应该继续使用技术进行社交一直存在争议。

一些参与线上互动的专业人士认为这种社交环境的积极作用是，为开发和表达自己的认同感提供了一个公共场所。由《纽约时报》客户洞察组进行的一项研究显示，在线共享网站的 2500 名受访用户中，有 68%的人利用网站来向其他人提供更全面的自我意识，以及对他们而言非常重要的东西。通过这些网站展示的认同感可能会受到社交网站的实际结构设计的影响。在探讨对年轻人的自我认同感有潜在风险的在线行为时，利文斯通（Livingstone）认为主要有两个影响因素。年轻人面临的一些风险可以导致将私人信息展示给那些查看社交网站的人，这些人并不都是他们真正的朋友或家人。专注于"用于联系的身份"也可能会带来风险，即年轻人有信心依靠自己的能力来判断并信任与他们有着亲密关系的其他人，以及了解那些潜在的可能会忽视或排除他们的人。在社交网站上将自己的私人信息泄露给那些他们认为可以信任的人，就可能让他们在不知不觉中更容易成为网络欺凌的受害者。

持反对意见的群体会消极地看待这些社交网站，他们强调，这些网站会加重自我困扰、助长自恋。反对使用社交网站的群体似乎会谴责骗人的技术，因为人们会通过这些欺诈技术进行社交活动，并因此用这样的技术看待自己。部分责任可能在于匿名所起的作用，其中"他们不能被识别出来"的信念似乎消除了社会的抑制性和规范，导致了抑制消除（年轻人会在网上说一些或做一些他们在面对面的环境中可能永远不会说或做的事情）。正如布朗（Brown）、杰克逊（Jackson）和卡斯蒂（Cassidy）所揭示的那样，对于某些人而言，互联网是一个藏身之处。在网上，某些社交网站允许匿名存在，这就令年轻人在网上参与那些他们在线下可能不会参与的活动时能够培养不同的身份和个性。他们通过研究发现，青少年在线进行的身份伪装中，有 52%会扮作年长的人，23%会使用另一个性别，19%会改变外貌，15%的人会做出与现实中的行为相反的行为。其实，是社交网站的匿名性纵容了这种行为，并且在某些情况下为网络欺凌的发生提供了可能性。

对社交网站持不同意见的群体认为，一个人的身份是一个已存在的现实，但是支持的群体认为身份可以通过线上沟通被加强，反对的群体则认为通过使用社交网站，一个人的身份会被削弱。青少年在进行社会互动时必须使用网络技术。然而，那些受到网络欺凌的人的自尊和自我概念存在心理学上的风险。因此，需要采取行动来确保所有访问社交网站的行为都是一个积极的、自我提升的经历。在网上禁止匿名可以在某种程度上对此行为做出补救；然而，解决方案的关键是教育，并且学校和家庭也应强调亲社会的网络行为。此外，网络欺凌的某些方面，如网络骚扰或网络跟踪，可能会让欺凌者承担法律后果。

犯罪与社会媒体

社交媒体的危害并不只是网络欺凌，网络犯罪也普遍存在于这样的环境中。一个社会中不存在犯罪是很难想象的。事实上,这样的社会根本就是罕见的,尽管这样的社会具有乌托邦式的潜力,但是它仍然会被认为是不正常的。犯罪已经成为了网络社会的一个常规组成部分。随着人们不断地把自己的生活搬到网上,自然而然的,也就越来越容易遭遇网络犯罪分子。这些网络犯罪可以有许多形式——如网络恐怖分子、网络色情、网络诈骗、身份信息窃取、恶意软件开发者、黑客及数字盗版等。

正如前面所提到的,个人在社交网络上分享了大量的身份信息。这些有用的信息可能会使信息所有者遭受几种类型的伤害,最明显的是身份盗用和诈骗,因此,这里将专注于这些类型的网络犯罪(在社交媒体平台上发生的其他几种类型的网络犯罪可以参见 Kirwan and Power, 2013):自我信息的在线管理如何在个人对抗网络犯罪上起到重要的作用?提供的个人身份信息越多,身份盗窃的细节信息被暴露的风险就越高。在第 14 章中,将了解更多关于个人信息安全和信息披露方面的内容。

虽然诈骗和身份盗用是相似的概念,并且可以发生在同一犯罪行径中,但它们并不是同义词。诈骗可能是挂羊头卖狗肉,而身份盗用涉及的是为了模仿他人而使用别人的档案或信息。这两者都可能会影响一个人的自我认同感。下面就对这些欺骗行为、它们对受害者的影响,以及如何预防这些行为进行探讨。

现实中可能存在几种类型的社交网站攻击。许多攻击行为的信息来源都是用户在接受社交网站本身,或是第三方提供的货物或服务时自愿分享的个人信息(如参加抽奖,或观看一个有趣的视频等)。在网上呈现大量的信息致使用户公开受到威胁,而年轻人及寻求网络关系的人公开的个人信息量最大。

除了直接试图秘密入侵一个人的账户,从而获取他的信息外,一个潜在的骗子或身份盗窃者可能还会试图扇动用户单击特定的链接，访问某些网站，播放某些视频，或者安装特定的应用程序等。这样的行为可能会让骗子有权使用用户的某些个人信息，或者他们在用户不知情的情况下把链接或消息转帖到用户的个人资料页面。这种渗透可能会把恶意软件安装到用户的计算机上，以用于其他类型的网络犯罪，或者用户可能被说服去填写在线表格，为网络犯罪分子从事身份盗用提供足够的信息。

许多攻击利用的都是**社会工程**技术。利用这样的手段，骗子或身份盗窃者可以操纵安全链中的人为因素。马歇尔（Marshall）和斯蒂芬斯（Stephens）所描述的这种社会工程机制"包括一些相关的想法，都强调了人为因素的重要性……特别是与身份盗窃和骗子有关"。例如，攻击经常与最近发生的事件联系在一起（2011年10月，在史蒂夫·乔布斯死后的几个小时内，Facebook上的帖子为了纪念乔布斯而免费为iPad做广告）。社会工程利用的是人类的情感，如恐惧、贪婪、内疚和同情等。最常见的阴谋计划涉及的是一个应用程序，一旦安装了该程序，它将告诉受害者他的哪位朋友最经常访问他的个人资料——从而操纵人的好奇心和浪漫幻想。这种类型的程序通常是在受害过程中传播的。当受害者允许他人访问自己的个人资料时，通常会向他的个人资料中粘贴一个程序副本作为资料更新。这让其他用户误以为受害人已核准该应用程序是正规的。除非有人告诉他们，受害者往往是不知道自己更新了这个信息。这样，他们可能会觉得自己的自我意识受到了损害，这是因为他们并不情愿在该恶意程序的传播中发挥作用，或者说他们觉得这样做并不符合自己的身份，或者并不符合他们想给他人展示的身份。

很少有人会研究这种欺骗对社交媒体用户的影响；然而，已经有人研究了其他类型欺骗的影响。亚尔（Yar）表明，让别人知道他们被欺骗了是很尴尬的事情，所以即使受了骗，受害者可能也不会对这种犯罪行为进行举报。斯特劳德-穆勒（Straude-Muller）、汉森（Hansen）和弗斯（Voss）区分了网络受害的类型，并发现事件的严重程度影响着受害者的压力程度。他们分类模拟了更严重的事件，其后果在神经质水平较高、慢性压力，以及曾经有过网上受害经历的人群中最为明显。惠帝（Whitty）和布赫南（Buchanan）研究了网络婚恋诈骗，特别是试图研究在英国这种欺诈已经到了什么样的程度。他们指出，当受害者举报他们的受害情况时，应该给予受害者更多的支持和建议。

在很多情况下，由身份盗窃所造成的经济上的影响会给人们带来诸多麻烦，且会令人感到沮丧，但这些都是相对短暂的。这是因为银行或信贷机构通常会弥补所有损失。然而，他们并不会承担欺诈案件所造成的损失。一些受害者还会因此产生心理阴影。艾斯（Ess）研究了身份盗窃对受害者所造成的影响。他表示，身份盗窃给个人带来的伤害比盗窃其他财产所造成的伤害更大，这说明，财产一般可以更换，但却不可能"买到一个替代的身份"。他认为，这会对人造成伤害，而不仅仅是令他们的财产受损。在这种情况下，可以理解为，除了财务或物质上的损失外，受害者的自我意识也受到了攻击。

最后，个人的自我意识可能是他们用来避免受到伤害而可以利用的保护机制的一个重要方面。李（Lee）、拉罗斯（Larose）和利方（Rifon）将保护动机理论（由罗杰斯于1975年和1983年提出）应用于反恶意软件，但它同样可以用于避免在其他类型的社交媒体网络犯罪中受害。该理论认为，有6个主要要素影响着人们保护自己免受威胁。表6-1显示的是这6个主要要素及其在社交媒体上发生的侵害行为中的应用，以及代表各要素的认知示例。

表 6-1　保护动机理论的构成及其在社交媒体和网络犯罪中的应用

构成	应用于社交媒体	示例认知
感知到的受威胁事件的严重程度	对损失的信念，可能会导致受害情况的发生	一个骗子可以获得对我所有个人信息的访问权限，从而盗取我的身份
感知到的威胁发生的概率	人的信念：他们很可能成为受害者	身份盗窃在网上是非常罕见的，在我身上不可能发生
感知到的对预防措施的响应效果	人的信念：预防措施是有效的	即使有人的确获得了我的账户的访问权限，他们能看到的信息也是有限的，不足以使他们盗取我的身份
采用预防措施时感知到的自我效能感	信念：能够有效地避免伤害	我知道网上最常见的骗局是什么，所以我不太可能上他们的当
可能的回报	成功避免受害的期望	如果我密切关注我在网上正在做的事情，我就不会陷入骗局，我的朋友也就不会取笑我
可能会付出的代价	为了防止受害，一个人可能必须做出牺牲	骗局比较罕见，要花费大量精力去提防他们

　　与这一理论相一致，李（Lee）等人发现，许多可变因素预示了人们想要在大学生样本中采用病毒防护行为的意图，包括在使用病毒防护措施中的自我效能感。有趣的是，这方面的自我——用户对自己保护自己的信念的把控程度——在保护自我的行动中是非常重要的，并且对于避免在社交网站上受到侵害可能是同样重要的。吴（Ng）和拉希姆（Rahim）等人也同样发现，自我效能感在一定程度上可以预测网络安全行为。同样，用户认为自我有能力维护他们的信息和账户，这可以看作用户在保护这些资源上付出努力的因素之一。

　　正如前面所讲到的，自我的许多方面可以影响人们对网络犯罪的反应。人们对自我的感知会影响他们所采取的保护措施，而人们对自我的描述可以影响人们为潜在的犯罪分子实施身份盗窃或欺诈提供多少信息。最后，人们受到侵害后公众看到的后果可以影响人们以自己渴望的方式塑造自己的能力。

本章小结

- 心理学的理论和研究认为，在各种不同的情况下，人们有多重的自我，而不是一个一成不变的自我。人们有一个核心的自我，存在于当下，并进行着互动，并且存在一个叙事的自我或身份，那就是随着时间的推移，人们所呈现出的他们的行为和思想的方式。

- 这种多重自我的想法允许人们管理他们所呈现出来的自我，以便让关注者喜欢。

- 社交网站让人们在如何操纵和展示他们的身份上有更大的控制权。但它也允许其他人观察未经管理的在线互动。

- 社交网站让自我容易遭受网络攻击、网络犯罪和网络欺诈等。

- 在某种程度上，政治家可以创造自己的政治形象，并通过选择性地披露他们的私人生活对其进行管理。

- 对于政治家而言，社交网站具有两个功能——自我提升和与选民保持联系。

- 运动员们会通过网络向他们的支持者们展示自己。

- 对于运动员来说，这样的展示会产生积极的效果，也会造成消极的后果。运动员可以通过与公众成员直接沟通来管理网络上的自我。这样的行为可能会使他们遭受社交媒体上其他人的网络欺凌和批判。

- 社交网站在年轻人的自我发展中起着重要作用。使用社交网站既可以损害也可以提高自尊和自我认同感。在网络世界中，由于积极的社会经历，年轻人可以蓬勃发展，但也可以因为遭受欺凌而受到严重的影响。这种消极的体验可能会导致年轻人过度焦虑或萎靡不振。

- 几种类型的网络犯罪都是在社交媒体平台上发生的，包括身份盗窃和诈骗。

- 用户提供的信息量和信息的种类可以影响他们遭受网络犯罪侵害的程度。

- 社交媒体上发生的某些类型的网络犯罪侵害可以扭曲用户在网上塑造的自我形象，使其看起来像是他们支持某些应用程序或媒体文件的样子。这种表面上看似对这类程序的传播与用户所期望塑造的自我形象相左。

- 在避免网络犯罪方面，用户的自我效能感是他们使用保护措施的一个重要的决定因素。

- 提供有关适当的在线行为、印象管理的应用，以及应对网络欺凌和网络犯罪发生时的机制的教育，可以使上网成为更加愉快的经历。

7 另一个世界中的自我呈现

马克·科尔森（Mark Coulson）
简·巴尼特（Jane Barnett）
英国米德塞克斯大学

导论

当人们思考自我时，体验的是一个完整的自我个体，尽管人们的信念和能力可能会随着时间的推移而改变，但仍然是一个整体的一部分。正如人们有一个身体，这是物理空间中的定义，所以很自然地就会想到一个单一的不可分割的自我，由人们的身份定义，由过去决定的，并投射到未来。人们可能会承认，今天的"我"和几年前的"我"已经不一样了，因此几年前的我也不会与今天的我相同，但人们仍然相信，某些东西、某些自我意识是恒定不变的。

就像许多关于存在、心智和心理的问题一样，事实证明，自我更加复杂。在本章中，将谈论3种重要的描述自我的方法，并研究其对虚拟世界中构建自我的方式，以及将这种构建的自我与现实中的自我（又称为线下自我）联系起来的方式所产生的影响。还将研究让人们构建在网上使用的自我（称为在线自我）的一些因素，以及它们对线下的自我的重要性。本章的重点在于学习心理学理论和有关自我的实证研究，并将其应用于在线自我。首先，对于自我的不同方面，有一套完善的、实证的理论来支持。其次，对在线自我的描述往往是基于特定的在线环境的（如《第二人生》和《魔兽世界》），然而关于这些问题的论述更多的是围绕特定网络世界的某些细节，而不是人们感兴趣的自我特质。最后，由于事实证明，自我是灵活的、复杂的、具有多面性的，且取决于环境，所以并不认为区分线上和线下自我是有意义的。但上网时，与现实世界中相同的社会心理的力量在种类上几乎是一成不变的。正如爱德华·卡斯特罗诺瓦（Edward Castronova）指出的，"将一群人置于陌生的环境中，他们将依据他们的思维定式来寻求他们通常会选择的对象。"

动机和需求

自我感知的一个理念认为，人们是出于某种原因才去做事情的，且人们的行为受基本的欲望、目的、目标和动机所引导的。这一理念在爱德华·德西（Edward Deci）和理查德·瑞安（Richard Ryan）提出的动机的一般理论即自我决定理论（简称 **SDT**，参见德西和瑞安，2008，以及本书的第 3 章）中得到了最有效的发展。

自我决定理论认为，有 3 种基本的心理需求，这是所有人都力求满足的，并且人们在每一种需求上的满足程度，对人们的幸福和行为而言，都有着深远的影响。这 3 种基本的需求就是能力、自主和关系。**能力**是指人们需要感受到自己有能力执行生活赋予人们的各种各样的任务和行动。如果从环境中和从其他人那里得到的信息表明，无力实现某一目标，那么就说明能力不足。**自主**是指人们需要感觉到掌控着自己的行动和目标。在一

7
另一个世界中的自我呈现

定程度上，如果人们的生活是受外部力量控制的（或认为生活是由外部力量控制的），那么就感到缺乏自主性。最后，**关系**是指需要与他人进行社会交往并建立情感上的联系。人们从性质上来说属于社会动物，而社会关系是正常运转的关键。

当这些需求都得到满足时，人们就会感到幸福。如果得不到满足，就会想要参与那些可能会满足需求的活动。人们还会在不同的时间、不同的层面上体验到这些需求。因此引导人们前进的动力被认为产生于自己是谁、想要什么，以及目前的情况能够多大程度地满足这些需求。

将自我决定理论运用于在线自我

自我决定理论是关于人类动机的一般理论，已经获得了大量的实证支持。虽然有一些证据证明，能力、自主和关系可以预测人们在游戏中感到多么愉快，但是其在在线行为中的应用还没有得到广泛的研究。这表明，该框架可能有助于了解人们在虚拟环境中的选择，例如，他们如何使用角色创建工具，他们偏爱采用的角色的"职业"或身份，以及他们所扮演的角色的风格等。

专门研究在线行为［特别是在大型多人在线游戏（简称**MMOs**）中］动机的研究人员提出了有关动机的几个表述。例如，巴特尔（Bartle）创建了一种分类，包含4类玩家。

（1）探险式玩家，喜欢探索并体验新鲜的事物。

（2）任务式玩家，想要完成任务。

（3）社交式玩家，渴望交友及经验分享。

（4）战斗式玩家，喜欢挑战计算机或玩家控制的角色。

虽然关于这4类玩家的描述看似彼此相斥，但是任何一个玩家都被视为是这4种类型的某种组合。同理，尼克·伊（Nick Yee）对3000名大型多人在线游戏的玩家做了调查，并在巴特尔类型学的基础上提出了质疑，最终利用统计识别法识别出了网络游戏动机的3个首要因素，伊称之为成就、社交和沉浸。

"类型"是一个有吸引力的概念，因为它确实涉及人们想要以不同的方式对世界进行分类的愿望。一些类型具有直观上的意义并诉诸人们先前已有的观念，但应该时刻警惕任何不受数据支持的分类系统。就算有数据支持，对于在特定环境中特定人群反应的分类系统，也应该谨慎使用。一些统计数据表明相关性十分显著。例如，在瑞安等人的研究中，自我决定理论的相互关系成分与伊的社交动机之间的相关系数为0.66，这表明两者之间存在很大的重叠。因此，人们强烈需要一个模型来描述在线自我的具体细节（参见第7章）。就像在线下世界中那样，人们的在线自我希望在与他人的关系网中有能力自主行动。

行为的感知

一个单一的、稳定的、一贯的自我常识观还受到人们自己的自我知识准确性的挑战。人们往往认为自己知道自己是谁，并有权使用自己专用的（只有自己了解的）和准确的（人们所认为的自己和人们的知识大体上是正确的）思想内容。毕竟，这些都是人们的思想，这就是人们的自我。然而，大量的心理学上的研究已经证明，就人们在不同的情况下表现出的各种行为而言，虽然可能对思想的输出有使用权，但是这一使用权是非常有限的。

— 7 —
另一个世界中的自我呈现

例如,在库格尔(Kruger)和唐宁(Dunning)的一系列著名的实验中,要求大学本科生评估他们的同龄人在某些领域(幽默感、语法知识和逻辑思维等)的能力。之后,他们参加了这些能力的标准化测试,并将他们在测试上的表现映射到他们的自我认知上。其结果令人惊讶。总的来说,人们的感知能力和实际能力几乎无关。即使当参与者被问及他们在逻辑思维上有多好,以及他们在刚刚参加的逻辑思维具体测试中表现得有多好时,得到的结果仍然显示,预测的结果和实际行为之间几乎没有关系。从广义上说,这项研究的结论是,人们很少或根本不知道自己的能力,一个人对"你在能力上有多好"问题的回答几乎没有给出任何有关他们实际能力的信息。

贝姆(Bem)的自我知觉理论(**SPT**)早在这些研究之前就有效地预测了这些结果。他认为,人们对自己的信念、态度和动机并没有直接使用权,而是在观察了自己的行为之后,被迫对此做出了推断。因此,虽然一个常识性的描述可能遵循的是"我喜欢玩《魔兽世界》,所以我经常玩这个游戏"的思路,但贝姆认为,实际中所发生的更像是"我注意到我经常玩《魔兽世界》这个游戏,因此我一定喜欢它"。在某种意义上,这些推论成为了人们的信念,哪怕它们可能是不正确的(例如,我可能并不喜欢玩《魔兽世界》这个游戏,可是我没有其他事情可做)。在贝姆的模型中,人们对自己的信念的了解程度并不多于那些仅仅观察到其行为的人。实际上,人们编造关于自己的故事,使它符合所观察到的自己所做的事情,两者在一定程度上是一致的。因此,自我是不断地从正在进行的观察行为中构建而成的,并且对它进行了解的方式与任何相当细心的观察者可能采取的方式是一样的。

这些看似违背常理的想法却得到了大量的支持。70多年前,在提出自我知觉理论之前一项著名的文献中，威廉姆·詹姆士（William James）认为，人们对于情感和行为之间的关系的常识观点是错误的。有一个著名的例子，当时詹姆士问到，人们在树林里散步，看到一只熊后发生的事件的顺序是什么样的？常规的解释是"看到一只熊，感到恐惧，然后逃跑"。换句话说，是恐惧的情绪致使人们逃跑的。在詹姆士的构想中，典型的事件顺序发生了改变。他认为，见到一只熊是让人们逃跑的原因，而见到一只熊后产生逃跑行为的体验才是恐惧。换句话说，人们的感受并不是由"客观存在"的某些事，或者针对某些事情的陈述而直接带来的结果，而是人们自己观察到的自己行为的结果。在这个模型中，情绪并没有在行为产生过程中扮演任何角色。

这并不是说詹姆士的模型适用于所有的情感体验，并且还需要经过长时间的讨论才能确定是否概括了所有的情绪。例如，如果所有的情绪反应都是由人们的身体反应引起的，那么就别指望有脊椎病变的人会有情感了，因为得了这种病的患者周身的信息在向大脑传输时是受阻的。虽然有一些证据表明，随着时间的推移，这样的人的情绪反应会越来越弱，但是很明显，詹姆士理论所预测的情绪反应在他们身上并没有完全消失。

无论如何，有大量的实验证据支持詹姆士的观点。索斯南（Soussignan）的研究重复并延伸了早期的研究工作。参与者被要求一边嘴里叼着一根铅笔，一边挤出真诚的微笑（脸部的表情会发生扭曲，但参与者并不知道这一点），结果表明，对于同样的漫画，微笑的参与者比面部做其他表情的参与者感觉更好笑。简而言之，采用一种特殊的面部表情会对情绪状态有重大的影响，即使这种情绪与环境中的刺激没有关系。这很像是大脑在观察身体的行为，并在此基础上保留并决定它感受到的感觉。

— 7 —
另一个世界中的自我呈现

自我知觉理论在在线自我中的应用

在某种程度上，人们通过观察自己的行为构建自我（应该强调的是，这绝不是构建自我的唯一方式），但必须避免"线上的自我只是线下的自我的一个投影，并与之完全相同"的想法。事实上，自我的任何一个方面都不会是一个投影，因为当投影反馈到自我时，就会动态地对其进行更新。所采取的行为仍然将影响人们线下的信念和态度。这并不是说人们将成为圣徒、罪人或网络杀手，但他们的行为将融入并形成线下自我的一部分。真实与虚拟彼此交融，它们之间的界限变得越来越模糊。

事实上还有一些有限的证据。尼克·伊和杰瑞米·贝里森（Jeremy Bailenson）给参与他们研究的人分配了漂亮的或者丑陋的头像，并要求他们在虚拟环境中与另一个实验者（这个人看不到这个头像是否有吸引力）进行互动。有漂亮头像的参与者比有丑陋头像的参与者更加倾向于接近那个实验者，并披露更多的个人信息。伊和贝里森称之为海神效应（Proteus Effect）。海神是希腊神话中一个能改变形体的神。在一项单独的研究中，福克斯（Fox）和他的同事们深入研究了配有性感头像背景下的海神效应。使用性感头像的女性参与者（操作相对简单，她们或穿着短裙，配露脐上衣，或者穿着牛仔裤，配长袖上衣），比使用不性感的头像的参与者表现出更大程度的客观化。客观化是指被视为一个客体的经历，一个从很小的时候就发生在年轻女性身上的一个过程。研究结果表明，使用性感头像的女性具有更多的与身体相关的想法，她们更能容忍有关强奸的流言（认为强奸的过错更多的是在受害者身上，如因为她们的穿着或行为具有挑逗性）。当性感的头像与现实中的参与者很像时，后者的效应就更明显了，这表明，当头像的某些特征与其线下的使用者极其相像时，海神效应就可能会增强。

这些研究的参与者并没有自己选择他们的头像，因此，对于"在线自我外貌的选择可能会对人的行为造成怎样的影响"这一话题，就不可能得出有说服力的结论。另外，研究人员只是评估了在线行为，这就使这项研究结果很难推广到线下自我。然而，很明显，代表在线自我的头像并不只是一个单向的投影，而是提供了线上自我的行为可能会对线下自我的态度和信念产生影响的一个渠道。当人们决定如何在网上展现自我时，人们所做的决定就可能产生广泛而持久的影响。

玩家在第一次登录在线游戏时，会被要求创建一个角色。人物创建界面会列出多种选择供玩家们改变他们角色的相貌。例如，不同的面部和身体特征、配饰、发型等，让玩家在游戏世界中创建一个完全不同于其他玩家的角色，这被称为身份游览。有研究表明，很多玩家更喜欢选择有吸引力的角色形象来展现自己"好"的一面，而不愿选择丑陋或"坏"的角色。

并不仅仅是外貌会影响人们的行为，其他线上自我的外貌也可能会以类似于线下自我所采用的方式影响人们。在线下的世界里，人们在看到别人的外貌后一般会快速地做出有关他的决定，因为这一信息是明显的，并容易处理。人们可能会觉得自己理解其中的一些决定（"我不相信那些总是微笑着的高个子男人"），而对于其他的决定，可能只能猜测它的意思。根据之前的讨论，人们对他人做出响应的原因并不会引起直接的反思。虽然人们在很大程度上能够准确地表达出某些偏好，但是对其他喜好的意识可能就低得多了。事实上，社会反应是受两个可能独立系统驱动的，一个是反思性思维（知道你不喜欢那些总是微笑的高个子男人），另一个是无意识的、自动的、含蓄的思维（让你以自己甚至可能没有意识到的方式做出反应）。伊和贝里森发现，人物的身体特征会对游戏内其他玩家的行为和情绪产生影响。例如，那些创建了有吸引力的角色的人更有可能向他人透露他们的个人信息；高大的人物在谈判过程中更有可能积极地与身材矮小的玩

7

另一个世界中的自我呈现

家角色进行沟通,因为他们更容易屈服于这些不公平的谈判。因此,一个角色的吸引力和高度可以影响他们对自己的看法,以及别人对他们的看法。

许多网络游戏只允许玩家创建苗条的、性感的角色。伊和贝里森表明,在网络游戏中创建苗条的、性感的角色或许会鼓励玩家与他人更友好。然而最近,在越来越多的网络游戏(如《上古卷轴OL》)中,玩家可以选择苗条或巨大的、高个子或矮小的、肌肉发达或肥胖等角色形象,还可以添加各种疤痕。但至今尚未充分研究过这样"丑陋的"角色对玩家行为的影响。

在道奇(Dotsch)和维格波斯(Wigboldus)一项有趣的研究中,参与者们(都是荷兰人,白色人种)在虚拟环境中与虚拟角色进行互动。一些参与者与白色人种的角色进行互动,而其余的人与长着摩洛哥人面孔的角色进行互动(摩洛哥人在荷兰是受歧视的民族)。参与者们填写了关于偏见的显性和隐性衡量标准。显性标准是指简单的自述问题(如"我喜欢摩洛哥人"),而隐性标准就包括参与者对摩洛哥人的名字进行区分(如"穆斯塔法"),同时还使用正面的或负面的词语(如"喜欢"或"讨厌")对其进行描述。例如,执行这项任务所花费的时间就被认为是一个显性偏见标准。当检查实际距离和社交空间时(参与者对自己的定位与目标化身之间的距离),显性偏见并没有产生影响,但隐性偏见却造成了显著的影响,怀有更多偏见的参与者,与那些很少抱有偏见的参与者相比,宁愿离目标化身更远一些。有趣的是,研究人员还测量了皮肤的电传导性,这是一项生理指标,受人皮肤表面的排汗量影响,可以相当准确地评估自主神经系统的活性,这是与"战斗或逃跑"反应有关的神经系统的一部分。皮肤电传导措施本身就足以解释不断增加的距离感了,这表明,这一效果几乎完全是一些参与者在无意识的情况下所做出的较强的生理反应。

总之,这些研究结果表明,线上的自我及其遭遇有多种方式可以对线下的自我造成影响。头像并不简单的是人们用于驰骋网络世界的一种工具。它还是自我的一部分，它与它所接触到的一切彼此相互影响着。

矛盾与情绪

人们了解内心自我的价值观和信念，然而也意识到，人们都在扮演不同的角色，在不同的背景下可能会有截然不同的行为。人们的角色可能是学生、父母、朋友或对手，并且这些不同的角色已渗透到了生活的各个方面。每一个角色都可能被认为是自我的另一面。在某种程度上，他们把人们引领到了同一个方向上，激励人们以类似的方式行事，所以，保持单一自我的概念可能就相对比较简单了。如果不同的角色在任何时候都使人们处于竞争状态，那么人们的自我意识可能就会更加矛盾，更加支离破碎。

内在的"自我"是一个永远存在的单一实体，可以被认为是"真正的我"，而人们所扮演的自我依赖于所采用的角色，这两者之间的区别是由现代心理学之父威廉·詹姆士首次提出的。詹姆士观察到，一个人，有多少人认识她，她就有多少个自我，因为每个人对于她是谁都有一些内在表现，这就是詹姆士所说的"自我的一部分"。除此之外，有经验的自我时时刻刻都认为是一致的自我，才是"真正的自我"。

对复杂的自我的最清晰的表达源于希金斯（Higgins）的著作。希金斯的自我差异理论（SDST）将自我的领域和立场进行了区分。这3个领域分别如下：

（1）在那一刻内在表现（称为**现实自我**——此刻的那个我）。

（2）渴望成为的人（**理想自我**——如果一切顺利的话，在未来可能会成为的那个我）。

7
另一个世界中的自我呈现

（3）由所扮演的角色表现出的自我（**应该自我**——依所扮演的各种角色而决定）。

所有这些领域都有两个立场，一个是自己的立场，另一个是生活中的重要的其他人的立场。因此，在这个模型中，自我有 6 个构成要素，他们都随着时间的推移而改变，并有着或多或少的重叠部分。

希金斯的模型预测，自我不同方面之间的差异会对一个人的健康与情绪造成不同影响。例如，如果真实的自我被视为与理想的自我重叠，那么其结果将导致满意和自豪情绪。如果两者间有很大的差异（未能成为自己认为应该成为的样子），则其结果可能会导致焦虑或羞愧的情绪。自己的理想自我和由一个重要的其他人所看到的理想自我之间的差异可能会导致一些截然不同的情绪。例如，如果相信自己能够完成伟大的事情，但生活中重要的人一再说你的野心太大了，应该把目标降低一些（自己的自我和其他人看到的理想的自我之间有较大的差异，而前者大过后者），那么可能就会产生抑郁的情绪，丧失自尊，或感到沮丧。在另一方面，如果被其他人告知，你的能力比想象中要大得多（同样的差异，但前者小于后者），可能就会充满雄心壮志，兴致勃勃（或许还会有那么一丝丝的渴望）。

将自我差异理论应用于线上自我

一些差异可能是许多人都熟悉的。有许多理由让人们对网络游戏感兴趣，一个主要的原因是游戏中的合作和团队配合。为了让团队合作成为真正的团队合作，而不是一群人在做同样的事情，就要让他们扮演不同的角色。因为大型多人在线游戏主要的玩法是团队战斗，所以这些角色往往可以归结为伤害输出、嘲讽者和治疗者，这就是 KIP 模式（Kill、Irritate or Preserve）。伤害输出，通常被称为"DPS"：每秒伤害，是伤害输出的标准量度，通常情况下，一个团队中大多数都是伤害输出的角色，主要任务就是制造伤害，并最终杀死敌人。嘲讽者负责吸引对手的注意力，并指挥自己一方的进攻（尽管相对于伤害输出，他们的 DPS 往往较低，但由于他们耐久度高，所以通常被称为"坦克"）。最后，为了保证伤害输出和坦克继续执行自己的任务，治疗者需要保护和治愈其他人。分工是必然的。如果伤害输出能像坦克那样高耐久，那么就不需要再设置"坦克"了，反过来，如果"坦克"具有像输出那样的 DPS，那么也就不需要有输出了。如果每个人都能维护自己的生命值，也就没有必要设置治疗者了。最终的结果是在角色之间进行合理而明确的划分，然而，虽然存在潜在的不固定性（取决于游戏机制，一个玩家可以在本团队的生命周期内不同的时刻互换角色），这些角色对玩家们在任何一个时刻应该做的事情有了期待。如果攻击目标发生转移，嘲讽者会很快知道别人对他的期待是多么得强烈。在大型多人在线游戏中通常会认为，"如果坦克阵亡了，是治疗者的过错。如果治疗者阵亡，那就是坦克的过错。如果 DPS 阵亡，则是他们自己的过错。"

如何呈现并创建线上的自我

现代的网络环境在角色定制上具有极大的灵活性，它所提供的互动工具，即使在一个人的相对有限的空间内，也可以创造出数以百万计的可能的结果。从皮肤和头发的颜色，到身高、体形、四肢长度、胖瘦，以及所有的面部特征等，都可以依据在线自我的需求进行调整，直到满意为止。自我呈现的可能性几乎是无穷无尽的。

这种灵活性可以简单地看做一种装饰。这是公司为了获得利益而销售一种服务，无论它是大型多人在线游戏、在线约会网站、赌博网站，还是虚拟聊天室，都会在角色创建方面提供尽可能多的灵活性。有些人可能并不在乎他们线上的自我长什么样子，在这种情况下，任何一种预先设定的

另一个世界中的自我呈现

角色都可能很适合他们。而其他人可能偏爱某一种"类型",喜欢在某些细节上进行定制,以使他们觉得自己是独特的,或者是群体中的一员,或者能够表明自己对一个群体的忠诚度。然而,有些人可能会愿意花费大量的时间来为自己设计完美的头像。

针对人们创建形象的方式和原因的研究并不是很多,当然,对这一话题的确需要做进一步的研究。一些作者认为,网络形象常常会映射出希金斯的理想自我理念。在一篇名为"理想的自我"的精彩论文中,贝斯利(Bessiere)、西伊(Seay)和基斯勒(Kiesler)调查了不同参与者对自己能力和特征所做的评估间的差异,以及他们在《魔兽世界》中创造的形象之间的差异。作者们认为,角色形象的特征一般会比创建他们的参与者的特征更积极,并且在幸福指数偏低的参与者身上,这种效果会更明显。当然,当在大型多人在线游戏,如《魔兽世界》中创建一个角色时,会期望这个角色能射击、用法杖攻击或用火球烧毁成千上万的怪物。因此,向这样一个神一样的人物赋予积极的特点是完全合理的。然而,在其他一些研究中,研究者观察了角色创建中真实自我和理想自我之间的差异,个性维度中讨人喜欢的维度得分越高,这种差异越明显。

早期的研究发现,男性选择穿轻型护甲的治疗者职业时,更可能创建一个女性的角色。其他研究表明,男性倾向于创建比线下的自我稍瘦一些,但比真实的自我和理想的自我都更强壮的人物形象。当然,许多头像创建工具可以提供不切实际的缩放模式,这样一来,如果把创建出来的手臂、肩膀和胸部放在线下肯定是十分可笑的。

这里有一个关键的问题:线上与线下的自我到底有多相似。已经掌握的证据表明,人们创建化身是有动机的,且往往是以一种积极的方式,稍微不同于他们线下的自我。因此,线上的自我更趋同于线下自我的理想化版本。为什么只有很小的差异呢?为什么不创建完美的化身呢?一个可能的答案就是，为了追求沉浸其中的感觉，必须要有一定阈值水平的线上和线下自我之间的相似性。因此，作为线上自我的创造者，受制于两种对立的力量。一个将人们推向理想化的英雄自我的方向，而另一个使人们深信现实中的角色，对头像设计工具所创造出来的角色保持理性的判断。最终的结果是在这些之间做出一些妥协。玛（Mar）和奥特里（Oatley）认为，虚拟世界（主要是小说，而非网络游戏）里的主角越是接近自我，越是能够增强沉浸感。这种部分身份认同，即现实中的自我与虚构的人物之间存在某些相似性的概念，让人们将自己"穿越"进了小说之中。角色需要具有英雄气概，且是完美的，但是不需要英雄主义和完美到在他们身上看不到一点点自己的影子。

借用进化论与择偶策略，可以得出，在某种程度上，线上的自我可以通过最优在线中间相似性原则进行定义。从进化的角度，最优中间相似性原则是指个体会选择与自己相似的个体成为伴侣，但不会选择与自己过于相似的个体（因此，例如，鹌鹑喜欢与第一代近亲交配，而不会选择第三代近亲或姐妹；第三代近亲已经有太多不同了，而同一代姐妹们又太过相似）。人们认为，这既优化了遗传适应度，同时还防止了同系繁殖，而这些通常都需要付出沉重的代价。

该原则预测了线下和线上的自我间存在的最优差异度，该差异程度能够使沉浸感与认同感完美地融合在一起。线下自我与线上自我的行为差异明显会造成缺乏认同感，这也妨碍了人们的归属感，以及学习和发展的机会。一个与线下自我过于相似的线上自我，反而会降低线上自我单纯地对现实生活的模仿程度。其实，如果有勇气面对自己通常的样子（或应该的样子，或有一天可能会成为的样子），那么创建线上的自我也就没有什么意义了。

偏好会因个体的不同而不同。个体的偏好很有可能通过他们的动机（依

7
另一个世界中的自我呈现

据自我决定理论），以及通过与动机和个性有关的其他变量进行筛选。由于人们花费在线上自我的时间越来越多，因此把了解他们之间的关系作为了研究的一个重要目标。

线上自我还可以灵活地选择角色的性别。许多环境，即便不是大多数，都提供机会，让人们可以以男性或女性的身份体验虚拟的世界（甚至是其他的种族）。虽然一般情况下，扮演男性或扮演女性（很少会影响到玩法的关键特性，且这些差异通常单纯是外表的）并不存在大的差异，但其可能会对头像用户产生更深远的影响。

在这一点上，重要的是要区分一个人的社会性别与生理性别。虽然社会性别越来越被视为生理性别的代名词，但它并不是指一个个体的男性或女性的生理性别，而是指个人的行为与社会和文化对男性和女性行为的期望的一致程度。虽然很容易就能知道一个人的（线下的）生理性别，但社会性别是一个相当宽泛的概念。事实上，有证据表明，社会性别是男子气质和女性气质两者的结合，个人可以同时具有这两个元素。

当有机会扮演与自己生理性别相同或相异的角色时，就可以证实生理性别上的差异。研究者调查了玩家在《龙腾世纪：起源》中对角色的喜好，研究发现，超过 90% 的女性选择扮演女性角色，而有 28% 的男性也会选择扮演女性角色。虽然样本比较少，并只考虑了一种游戏的情况，但有趣的是，两种生理性别可以给玩家带来不同的创建角色的动机。据此推测，这可能是由于"劳拉现象"造成的，劳拉·克劳馥（Lara Croft）是一个男性主导的游戏（古墓丽影）中强大的女性角色。对女性而言，使用强大的女性头像可能是非常有吸引力的，因为她们可以通过游戏世界中的角色，体验她们在线下经常被否定的物质和社会权力。一个强大的女人的概念是新颖的，且是令人兴奋的，并且扮演这样一位女性可以获得很多经验。另一方面，对于男性而言，尽管许多男性可能会被否定线下的物质和社会权力，且在游戏中行使权力可能同样有吸引力，但是扮演异性成员会使他们体验到更多的新鲜感。对于这两种性别的玩家，享有超强社会和物质权力的男性角色已经没有什么新意了。因而，男性玩家会经常使用女性的角色，而女性玩家，如果可以选择的话，更有可能坚持使用女性的角色。

线上自我的本质

线上的自我越来越趋于理想化，这是由于网络世界提供了更多的自由导致的。仿佛线上自我是一面玫瑰色的镜子，让人们有机会看到最好的自己（甚至是超级棒的自己），使人们不再受世俗的身体、复杂的社交网络及日常责任的束缚。这样的机会可能会巩固网络世界提供的沉浸感和空想主义的重要性。

人们容易被误导认为，这与"迷失"自我的概念有关，以类似的方式，人们迷失在书中或电影里。然而，这种说法跟实际情况相差甚远。事实上，线上的自我提供的是，在其众多的化身和类型中找寻并探索自我的新的方式。这种行为是积极的还是消极的，取决于拥有这种自由的用户。线上的自我允许人们探索自我的新面貌，经历人们可能并不希望经历的事情，或者可能会阻止人们在现实世界中的体验。线上自我的行为并不会为真实的自己带来严重的后果，但对于自己是谁，以及选择如何表现自己却是十分重要的。线上的自我可以引领人们体验新的情绪，并检查人们通常不被采纳的行动方案的后果。大多数网络世界与人们每天生活的线下世界有诸多不同之处，这样线上自我的立场就为实验提供了相当大的研究空间。因此，在网络世界中"扮演"一个角色有助于个人发展吗？这是否是个人发展的重要方面？

7
另一个世界中的自我呈现

伟大的发展心理学家皮亚杰强调了（但后来在某种程度上忽略了）实验、探索及游戏的重要性。皮亚杰看到了游戏的一个重要作用，他将之融入了他著名的儿童智力发展理论中。对于皮亚杰而言，游戏为孩子们提供了在"此时此刻"进行学习的机会，这是由于他们缺乏抽象思维所必需的智力工具。游戏在早期发展中是至关重要的，但随着时间的推移就变得越来越不重要了，这是因为随着孩子们一天天长大，他们将学会思考，而不需要用于思考的有形工具了。

观察了许多不同的物种后得出，年幼的孩子经常会玩游戏，但随着个体年龄的增加会逐步消失。成人形式的游戏会使人倒退回不成熟的行为形式吗？这样的问题让人很难分清楚，是否"只是孩子"才能玩游戏？是否是出于一个更普遍的目的才玩游戏？两种形式的证据表明，成人游戏是人类这一物种的一个重要特征，并且事实上，是人们具有的一个重要的进化优势。

第一条证据来自游戏向日常社交活动中的渗透。现代计算设备，特别是智能手机和平板电脑设备，看起来似乎在技术上对游戏的扩散松了"闸"。有证据证明人们喜欢玩，喜欢体验挑战，喜欢不断的反馈，喜欢竞争。当然，不同的人对这些事情的喜欢程度也是不同的，但是，如果这不过是一件对于人们童年时期的某个短暂时段起到帮助作用的事情，那么玩的欲望就比所期望的更强烈了。越来越多的证据证明，游戏玩家不是在社交上处于孤立的十几岁的小男孩，事实上其涉及所有性别、年龄及社会经济阶层，这进一步支持了游戏是人类这一物种的一个普遍特征的观点。

第二条证据是游戏及与其有关的积极情绪可能实际上起着至关重要的进化论的功能。长期以来，研究人员已经普遍认为，负面情绪实际上是生存的关键。负面情绪是一种信号，预示着当事人是否深陷其中，关注的焦点是否需要切换到造成情绪的事件或对象。面对食肉动物时，没有应激行为和相应的恐惧情绪的生物体会被淘汰。因而，负面情绪是进化选中的。

相比之下，对人们为什么会产生积极情绪的解释太平淡无奇。诚然，积极的情绪会让人感觉很舒服，但这与人们为什么会产生积极情绪无关。并不是进化使物种具有了让人感觉很舒服的东西，除非他们在进化过程中发挥了作用，并且如果在某种意义上，他们所发挥的作用与将生物体的基因遗传给下一代的概率无关，那么发挥出这个作用根本不会有压力。弗莱德里克森（Fredrickson）改变了人们对积极情绪及其在进化和发展中所发挥的作用的看法。弗莱德里克森的"拓展—积聚理论"（Broaden and Build theory）假定，积极的情绪鼓励探索和发挥，其向生物体发出信号：当前的环境状态是允许做这样的事情的。对于游戏诱导的行为而言重要的是，好玩的活动可以是创造性的，其开拓了应对情境的新方法。因此，生物体可以构建资源（如新的行为形式），拓展他们的行为习惯，从而初步扩展了他们在任何特定情况下可以选择做出的反应的"工具包"。

仔细考虑一下面对威胁时做出的普遍的反应。大家都知道最基本的"战斗或逃跑"反应，它会影响受威胁的个体是否做出进攻或恐惧的反应。人们很少提及，在面对威胁时做出的反应往往不是战斗或逃跑，而是对他们来说更有帮助的反应。例如，当某些物种遇到食肉动物时，最好的反应可能就是战斗或逃跑，然而，实际上大多数的冲突来自同一物种内部的成员。在这种情况下，最好是摆出某种姿态（鼓舞自己，尝试面对威胁，大声喊叫），或进行安抚（承认对方的权力地位，采取顺从的态度）。这些行为的关键因素是，对于双方而言，这些反应可能会好过战斗或逃跑，因此更可能被进化选中。

通过玩游戏，个人就有机会尝试不同的做事方式，在这样的环境中，即使失败了也不会付出太大的代价。人们从游戏中获得的经验可知，面对冲突时，并不是要发动攻击，而是要发出很大声响并制造混乱，这是威慑

7
另一个世界中的自我呈现

威胁的一个有效方法。通过这样的方式可以解决大量的冲突，这是因为实际上斗争对谁都没有好处。无论一个个体有多么强壮，体型有多大，只要争斗就会有伤亡。如果只是简单地吼叫几声就能达到相同的目的（如获得食物或配偶），那何乐而不为呢？这样，大家都会活得更好。

支持弗雷德里克森的想法的证据很大一部分来自实验研究，研究证明，积极的情绪与心理健康和身体健康都有关联。这些证据表明，游戏不仅让人们感到愉快，它还教会人们新的技能，并开发出了适应未来挑战的能力。最近的研究探讨了在虚拟治疗、情绪管理和暴力行为等过程中的重要性。巴内特（Barnett）、寇森（Coulson）和福尔曼（Foreman）利用《魔兽世界》，根据性格、年龄、性别和游戏动机等，研究了玩家在两小时的游戏前后的情绪。结果显示，在不考虑功能性变量的前提下，玩完这两个小时的游戏，负面情绪显著减少，积极的情绪逐渐增加。在那些神经质较高，宜人性、严谨性和开放性较低的玩家身上，这种效果是最明显的。菲尔古森等人（Ferguson）的研究得出了类似的结果，该研究让参与者选择玩暴力游戏还是非暴力游戏。研究结果表明，不管玩家选择玩哪种游戏，他们都不具有攻击性。研究还表明，玩电子游戏所具有的挑战性及感受到的刺激在青春期可以发挥重要的作用。例如，一个16岁的玩电子游戏的学生，相比那些没有玩电子游戏的人，在某些因素上的状况更乐观，如心理健康、积极，学习更投入，更积极参与活动，很少或从来不滥用药物，具有积极的自我观念，以及有更多的朋友等。

虽然人们并不想迷失在电子游戏和暴力的高度紧张的氛围中，然而，许多游戏在本质上都是充满暴力的，这一点不容忽视。游戏可能的有益元素能够抵消潜在的破坏性吗？有很多理由能够让人们对此保持乐观的态度。例如，扬茨（Jansz）所做的研究探讨了处于青少年时期的男生，暴力的电子游戏和情绪行为之间的关系。人们普遍认为，暴力的电子游戏会"教"

游戏玩家暴力的行为。但与大众的想法正好相反，扬茨的研究表明，处于青春期的男生往往认为自己能够掌控游戏，这表明，他们也在控制自己在玩游戏时的情绪。扬茨认为，这种自由是很重要的，因为它允许处于青春期的男生以自己的步调来建构自己的认同感，并且暴力电子游戏就像一个"避风港"或实验室，让他们可以体验不同的、经常引起争议的情绪（如那些被认为是娘娘腔的情绪），而不会遭到同龄人的评判。

在相关的研究中，奥特利（Oatley）和他的同事们把阅读小说或看戏剧的过程比作了在人脑计算性硬件上运行的行为、道德和情绪的模拟。他们列出了一些方法，通过这些方法，小说能使读者/观众穿越到作者所创造的世界中，从而体验到在现实世界中可能不存在的经历。就像弗雷德里克森的模型那样，在这些虚拟空间中获得的经验也为成长和发展提供了机会。奥特利的研究专注于有效的被动式媒体所造成的影响（尽管他会说，小说和戏剧不是被动消费的）。这些概念为线上自我的应用创造了大把的机会，然而更为传统的媒体对此却无福消受。在网络世界里，人们并不仅限于观察主角的决定所造成的影响和后果，人们自己就是主角。来自奥特利实验室的一些有限的证据证明，那些经常读小说的人往往更情绪化，甚至是读一个短篇故事的单一片段都可能会增加某些参与者的某种共鸣。很多有关在线模拟如何影响心理发展方面的内容仍待进一步的研究。

线上自我的模型

在给出结论之前，用一个模型来总结以上论述（见图 7-1）。区分线上和线下自我并没有太大的意义，因为无论是线上还是线下，人的意识过程、顾虑、情绪和社会效应等存在的方式都是相似的。一艘渡轮、一艘星际飞船或一艘海盗的三帆快速战舰的甲板上；在非洲的一个海滩、在艾泽拉斯

另一个世界中的自我呈现

或在遥远的星球上;一个地下停车场、一个吸血鬼的地下文明社会和一座地牢等。虽然是不同的世界,但有着同样的问题,自己是谁,想做什么,希望实现什么,正在爱着谁,恨着谁,又把谁放在了脑海里。

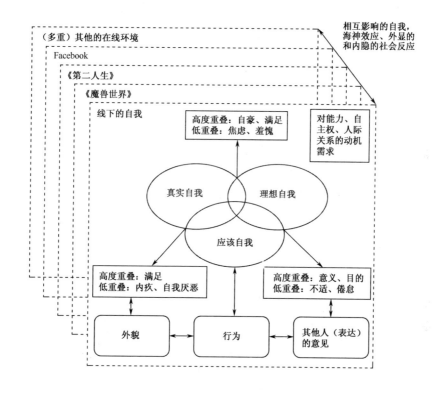

图 7-1 线下和线上自我的模型

本章小结

不同于演员问导演"我的动机是什么?"网络世界提供了自由和灵活性,以适应可能具有的任何动机。例如,无论是社交性(结交新朋友)、竞争性（发动与其他玩家的战争或与之对抗）、探索性（发现新领域），还是角色扮演（开发一个人物），还是所有这些的组合，自我都可以找到一个令人满意的归宿。事实上，人们会看到从现实世界向虚拟世界迁徙的演变，这是因为后者提供了越来越多的方法来抵消前者中的挫折和限制。

  无论人们选择在网络世界里花多少时间，其线下的自我都是动态的、多方面的，并不断发展和变化的。如果线上的自我是为了促进理解、成长、参与、沉浸和享受，那么他们需要至少反映出一些复杂性。似乎并不需要提供一个完整的、与线下的自我一样丰富的经验，这是因为，模拟的形象，无论是文学小说还是网络环境下的作品，都更依赖于提取并保存自我的主要特征，而不是完全对其进行复制。

  为了加强人们对自己天性的光明面和黑暗面的理解，自我在网上的体验做出了惊人的承诺。相比之下，线上的自我是无节制的，可以使线下的自我陷入绝地。线下的自我将人们禁锢于具有一定身高、体形、肤色和外貌的身体里，很少或根本不尊重人们对于改变的渴望或企图。人们很少有机会，如果真的可以的话，让线下的自我去体验其他的自我所提供的经验，而不必承担后果。创建多个线上的自我可能就让人们有机会去探索并发展自己的认同感，这与史诗般的战役、远景和战利品相比，更有价值、更持久。

Cyberpsychology
互联网心理学：寻找另一个自己

第 2 部分
线上行为的心理活动和后果

8 网络犯罪与越轨行为

托马斯·霍尔特（Thomas J. Holt）

美国密歇根州立大学

导论

本章将研究各种形式的网络犯罪，以及不同情境下的线上身份保护和维护。本章利用沃尔（Wall）的网络犯罪类型学，详细论述网络环境中的黑客、盗版、盗窃、色情和暴力等行为，以及他们与线下犯罪行为的交集。本文将讨论网络空间的匿名性、实体缺失和临时性等问题，从而探讨个人选择在网上从事犯罪活动的原因和方式。

网络犯罪与越轨行为

在过去的30年里，计算机技术与互联网的发展极大地改变了人类在全球范围内彼此进行互动的方式。蜂窝电话、智能手机、无线网络及平板电脑等设备，使个人能够随时随地进行贸易和沟通。在美国，尤其是年轻人，通常在十二三岁时就开始使用手机了，其中75%的年轻人拥有一台笔记本

8
网络犯罪与越轨行为

电脑或者一台台式计算机，15%的年轻人两种计算机都有。并且，技术的使用与社会经济群体融合在了一起，因为93%的12～17岁的美国青年每周都在使用互联网。

技术的扩散明显改变了个人与世界进行互动的方式。通过使用流媒体服务，如Netflix和Hulu，消费者也越来越多地利用互联网实现娱乐目的。尤其对于年轻的用户而言，社交网站，如Facebook和推特网，已成为社交互动的一个主要机制。网络上每天的用户量十分庞大，再加上使用网上银行系统来管理个人财务，这就意味着私人企业可以远程存储并管理敏感的个人信息。

所有这些技术都为个人身份的构建和管理带来了一些有趣的变化。只要他们想，就可以拥有任何年龄、性别或种族的个人信息，并通过照片、视频和文本来呈现自己。人们可以决定网络上的身份与现实世界中的身份的一致程度，这就导致了虚拟的身份越来越多。这样的结果就是，技术使犯罪和越轨行为在线上和线下发生的频率不断攀升。例如，通过手机、数码相机和短信，无论当事人是否知情，都可以把他们的色情照片发给其他人，甚至可以安排他们发生出轨行为。个人也可以利用这些技术来引诱不知情的人上当受骗，或者出售假冒伪劣商品等。社交媒体也可以用来对在现实世界中认识或不认识的人进行骚扰、威胁或恐吓。

这些技术导致了完全依靠互联网的新型犯罪行为。例如，黑客为了获得关键信息或造成伤害而参与到活动中，从而危害并破坏各种系统。此外，恶意的软件程序，如病毒和僵尸网络恶意软件，只能在计算机系统中进行操作，往往通过受恶意程序感染的文件进行传播。反过来，也可以利用恶意软件来制造伤害或远程控制系统，甚至窃取个人资料和知识产权。为了获得成千上万，或者说是数以百万计的信用卡和借记卡的细节信息，并从事欺诈，如今由金融机构和零售商存储在服务器上的大量的个人信息也成为窃贼的目标。

由于这种技术会从实质上影响个人从事犯罪和越轨行为的能力，所以有必要了解网络犯罪的性质，以及这些罪行是如何通过在线操纵罪犯身份的能力而极具吸引力的。因此，本章将概述网络犯罪、成因、解决方式及困难，以及全部的构成网络犯罪的犯罪行为。读者也将了解到，个人身份的构建是如何与网络犯罪联系在一起的。

定义计算机误用和滥用

在过去的 3 年中，已经有一些术语用来描述计算机和技术的滥用，如网络犯罪，尽管这些概念的含义可以是截然不同的。为了澄清这个问题，界定什么是技术滥用和误用是至关重要的。例如，术语"越轨行为"可能是指一种合法的行为，但它或许不符合主流文化的正式和非正式的规范。越轨行为有多种形式，这是由社会规范和社会背景决定的。例如，电影院和其他看电影的观众并不提倡在看电影时发短信和使用手机，且该行为具有破坏性，但在技术上其并不是非法的。因此，大多数人无法接受在这样的背景下使用手机，所以这种行为可能会被认为是越轨行为。因为短信和移动设备都是通过互联网和网络空间启用的，所以将这种行为视为一种网络越轨行为可能是恰当的。

网络越轨行为的一个更贴切的例子就是，淫秽内容或有关性的素材的使用和创作。互联网让人们轻易就能观看网络上的色情图像和视频，或利用网络摄像头、手机摄像头和 WiFi 网络等创建并散布他们自己的内容。事实上，术语"用手机发送色情照片或色情短信"（sexting）是在过去的几年里才创造出来的，用于描述通过移动设备自愿给他人制作并向他人发送清晰的淫秽图像和文本的过程。如果这类活动是由18岁以上的个人自愿做出的，那么在技术上就被认为是合法的。然而，网络社群内的大多数人可能觉得这样的活动在道德上是错误的或非正义的。因此，在这个社群中，从事色情活动或观看色情文学作品可能就被视为是越轨行为，因为它违背了群体关于可接受行为的规范。

一旦一个活动违反了既定的法律法规，这个活动的性质就从越轨行为变成了犯罪。在美国，未满18岁的人用手机发送色情照片或色情短信是违法的，法律禁止他们创建或查看淫秽图像。如果有人试图故意把色情材料发给未成年人，或招揽他们嫖娼，那么那个人就是在犯罪。这是因为，已经制定了专门的法律来处罚这类人。事实上，在州或联邦政府，成年人由于通过发送短信性引诱未成年人，或散布儿童色情文学作品而被起诉的案例屡见不鲜。

大多数国家的刑法是复杂的，而制裁力度根据犯罪行为的恶劣程度而有所不同。不同国家对技术犯罪的归类也不尽相同。有些国家利用术语"网络犯罪"来描述某些罪行，而其他国家可能利用术语"电子犯罪"或"计算机犯罪"来描述用技术助长犯罪活动的独特的方式。虽然这些术语通常可以互换使用，但他们实际上指的是不同的现象。网络犯罪是指"使用网络空间的特殊知识"实现的犯罪行为，而计算机犯罪是由于"使用有关计算机技术的特殊知识"而实施的犯罪行为。在使用计算机的早期，这些术语之间的区别可以用于澄清技术是如何被纳入犯罪行为的。在某种程度上，几乎每一台计算机都连接到了互联网，这一事实就削弱了对这两种行为进行划分的需求。因此，由于一系列的罪行都可以通过使用网络环境发生，且几乎所有的计算机和移动设备如今都连接到了互联网上，所以在本章的其余部分将使用"网络犯罪"这一术语。

网络犯罪与犯罪分子的身份

在过去的几十年里，网络越轨行为和犯罪率不断攀升，这不禁让人们质疑，虚拟环境为什么对不法行为具有吸引力？与网络犯罪率有关的前瞻性的因素有几个，其中一个很明显的因素就是，个人在虚拟环境中可以轻松地获得必要的工具。笔记本电脑和平板电脑便于携带，且成本低廉，再加上随着时间的推移，手机的功能不断增加，这就使得人们轻易就能从任何位置上网。买不起计算机的人，通过免费或花费很少的钱使用网吧或公共图书馆的计算机，也能从事某些形式的网络犯罪。

其次，在过去的20年里，网络犯罪对技术的要求显著降低了。随着计算机技术越来越人性化，从事简单形式的计算机黑客行为，如破解密码、设计简单的骗局等所需要的技能极为简单。事实上，有一些证据表明，很多用户在不同网站注册邮箱和ID的密码都是相同的，这就使攻击者能够完全获得受害者的在线身份。人们同样可以轻易地在社交媒体网站上贴出有关他人的有害的信息或视频，公开为难或羞辱他人。通过使用工具和如BT种子网站（Bit Torrent）的文件共享服务，操作类似数字盗版的活动已变得非常简单了。

再次，也许是最重要的，在从事任何形式的犯罪时，技术还大大降低了个人的风险等级。网络环境下，被察觉的风险比线下世界要低得多。例如，如果一个人选择从事抢劫，他们可能就会采取措施，以尽量减少他们被受害者认出来的可能性。劫匪通常会戴口罩或穿宽松的衣服来遮盖自己的脸和体形，甚至可能试图通过提高或降低说话的音调来掩饰自己的声音。虽然这可能有助于迷惑受害者，但安全摄像头和路人还是可能会注意到该事件，并增加被察觉的概率。

因为个人的身份与行为有关联，且在网上完全是通过文本和图像进行自我呈现的，所以那些问题在很大程度上不会出现在网络环境中。一个人通过伪造信息可以隐藏自己的性别、种族或年龄，从而在社交网站，如推特或 Facebook 上创建账户或发送电子邮件。个人同样可以使用从不同网站上下载的图片，向外界形象化地呈现他们认为合适的种族、民族或性别信息等。此外，代理服务可以用来隐藏一个人上网时在物理空间中的实际位置。现在有很多工具可以通过扮演计算机、服务器和其通过互联网连接的系统之间的媒介，隐藏一个人的计算机的位置。因此，一个人的网上活动与代理服务提供商有关，而与罪犯使用的计算机无关。这种技术降低了个人的身份或属性遭遇任何形式网络犯罪的风险。

隐瞒自己真实身份的能力使个人更容易在网上表达自己的兴趣和欲望。互联网给予个人寻找并与他人建立联系的可能，用户可以分享他们的兴趣，而不会感到耻辱或羞愧。事实上，这就是为什么有些人认为，各种形式的越轨性行为的社区在网上是异常活跃的。有些活跃的论坛将那些人与动物发生性关系（人兽性交）、虚构的人物（同人小说），以及更多的异常活动，如与未成年人发生性关系（恋童癖）等感兴趣的人们联系在一起。

最后，网络空间使人们能够轻易地同时攻击数百个潜在的受害者，而其所采用的方式在线下世界中却很难实现。例如，为了以一种有效的方式恐吓或管理受害者的行为，大多数街头犯罪牵涉的都是单一的受害者、一个或多个侵害者。互联网彻底改变了这种关系，因为在网上，单一的个体可以轻易地同时攻击成千上万的受害者，且在很大程度上不让其知情。例如，人们定期向成千上万的潜在受害者发送垃圾邮件。垃圾邮件通常被用来发送所有类型的诈骗计划，其范围可以从仙股诈骗到假冒伪劣的药物。这样的能力在线下世界是罕见的，它使虚拟空间成为某些犯罪的最佳之地。

技术使犯罪能力不断提高，这种能力使各国法律在跨国的互联网环境中执行时更加困难。虽然几乎所有的工业化国家都制定了法律，禁止网络犯罪，但是在本质上他们对一种行为的描述或定义并不相同。因此，如果一个人对居住在美国佐治亚州亚特兰大市的受害者进行身份盗窃，则他违反的是美国的法律，但由于盗窃者居住在莫斯科，两国之间没有共同的法律程序来起诉他们。此外，有些国家不允许本国公民被引渡到另一个国家去面对犯罪起诉。例如，俄罗斯没有条约允许俄罗斯公民因袭击了美国公民而被带到美国起诉。无法起诉或引渡就意味着犯罪分子不能因其行为而受到任何制裁，并且，犯罪分子意识到他们不会因犯罪行为而受到惩罚，这就变相鼓励他们去攻击不同国家的公民。故而，从事网络犯罪的人们所面临的被逮捕的风险就低得多了，这就导致他们可能会获得更多的金钱或情感上的回报，同时还不会给他们真正的线下身份带来任何伤害。

网络犯罪及其对受害者身份的危害

鉴于犯罪分子从事网络犯罪所获得的利益，针对"他们的行为如何对受害者造成负面影响"的问题进行思考，也是有必要的。首先，网络犯罪可以在全球范围内发生，这就使受害人很难向执法机构提供线索。警务机关，特别是在美国，在地方、州和联邦政府层面上，制定了犯罪调查指导方针。在单一的司法管辖区范围内发生犯罪，往往是当地警察局局长和警察的责任，而那些跨州或跨国家的犯罪，依据所造成的经济损害的范围大小，由州或联邦机构进行处理。许多网络犯罪分子可能不像其受害者那样住在同一个区域内，而受害者往往也没有掌握足够的信息来确定犯罪分子的实际住所。因此，受害者在遭受伤害后，可能并不知道应该联系哪个警务机构。人们认为，受害者之间缺乏了解，可能会减少警方了解的网络犯罪事件的数量，但是，因为罪行的真正数量是未知的，这反而会创建一个网络犯罪的"犯罪暗数"。

即便具有一个网络犯罪的最小数字，一些人认为，个案数量不足源于受害者在确认网络犯罪发生时间上的困难。有证据证明，入室抢劫或非法闯入通常是指某人强行进入一个位置，拿走贵重物品或货物。在网络空间中，可能没有任何直接的迹象表明一个人的身份或计算机被盗用了。例如，计算机硬件和软件中的故障可能是设备中的错误造成的，也可能是犯罪活动为了掩盖其已经发生了的事实而导致的直接结果。许多普通民众并不具备必要的辨别根本原因的技能，这就导致人们很难知道某种损害行为是什么时候发生的。纵然有些人已经被确定了他们就是网络犯罪的受害者，然而，他们可能仍不太可能意识到网络行为模式将他们的系统暴露给罪犯是多么危险的事情，以及损害行为是如何发生的。因此，因为受害者并没有意识到他们已经受到伤害了，所以说侵害事件是在受害者不知情的情况下发生的。

其次，有些人虽然已经意识到自己是某种形式的网络犯罪的受害者，但他们可能不会向有关当局报告所发生的事件。一些受害者在报警时可能会觉得太尴尬或感到难为情，例如，基于电子邮件的诈骗，被称为尼日利亚骗局或419骗局的受害者。这些信息通常会向收件人说明发件人是王室或银行家的外籍成员，他们需要得到帮助，以便转移大笔资金。作为回报，受害者将会得到总金额中一定比例的钱，在某些情况下，这笔报酬可能是数十万或数百万美元。他们请求获悉电子邮件收件人的信息，包括他们的姓名、邮寄地址和电话号码，有时候他们打着促进金融交易的幌子，还会要求提供银行账户和银行路径号码。回应这些邮件的受害者通常会损失数百到数千美元，因为随着时间的推移，他们屡次支付给骗子少量的钱，这些钱的名义包括税收、律师费和其他与移动全部金额有关的费用。等钱汇过去之后，受害者才意识到他们上当了，他们因自己被骗了而感到羞愧。因此，实际上向执法机关报案的此类骗局的受害者所占的比例非常小。

一些受害者可能还认为，执法机关实际上并不能帮助他们。例如，遭受恶意软件感染或计算机黑客侵害的受害者可能认为，他们的经历是执法机关无能为力的事情。网络跟踪和骚扰的受害者可能同样不知道，警察需要什么信息才能成功地调查罪行。他们可能会无意中删除来自他们的追求者的邮件或其联系方式，这样他们就不必经常看到这些内容了。反过来，这可能会导致推进案件的调查变得举步维艰。

最后，有大量证据表明，当发生网络犯罪时，企业实体是最不可能报案的，他们报案的时间远远滞后于事件发生的时间。例如，美国零售巨头 Target 在 2013 年 12 月月底宣布，他们的店内支付系统已经被黑客入侵了。除了在 11 月 27 日到 12 月 15 日之间的损失，以及获取的客户的名称、卡号、到期日、信用卡的安全码和验证码之外，他们并没有立即宣布到底丢失了多少数据。

直到 12 月月底才有消息透露，有 7000 万人可能受到了影响，他们曾经在全国各地的商店买过东西。这一事件相当令人震惊，尤其是因为它是由商店本身的销售终端或收银系统的一个漏洞造成的。因此，Target 竭尽全力回应顾客的焦虑，并提供了受害者进行自我保护的详细措施。尽管很明显，在公开承认后，他们失去了一些客户，股票价值也有轻微下跌，但目前仍不清楚，在一段较长时期内这一事件可能会对 Target 造成怎样的影响。这是对"企业之所以可能会限制公开承认他们所经历的任何网络犯罪事件"的原因的一个主要论证。

了解网络犯罪的形式

由于网络犯罪和越轨行为越来越普遍，考虑构成网络犯罪的活动范围是很重要的。虽然有许多类型的网络犯罪，但是很少有人能够完全解释清楚网络技术导致的各种行为的原因。迄今为止，最全面、最高雅的一种简单的数据类型是由沃尔（Wall）提出的，它将这些行为分为以下4类：

（1）网络侵权。

（2）网络诈骗和盗窃。

（3）网络色情作品和淫秽行为。

（4）网络暴力。

这些类别涵盖了网络技术使用，以及世界各地支持犯罪的亚文化而出现的大范围的越轨、犯罪和恐怖行为。

网络侵权

第一类网络犯罪是网络侵权行为，涉及在网络环境中个人跨越所有权边界的行为。这具体是指所谓的计算机黑客行为。黑客行为通常被认为是访问不属于他们的计算机系统、电子邮件账户或受保护的系统等。因此，公众往往将黑客与侵权的犯罪行为联想在一起。

并不是所有的黑客都对侵入并破坏计算机系统感兴趣。大量的黑客是计算机安全专家，他们识别系统的缺陷和弱点，从而更好地保护他们。然而，有道德的、合法的计算机黑客并没有得到大众的认可，人们经常把他们与恶意的黑客混淆在一起。这种误解的根源在于，为了得到访问权限，他们使用的是一套相同的技能；唯一不同的是，有道德的黑客获得了系统所有者的许可。因此，在黑客社区内部，就个人是否自愿从事支持黑客的网络侵权行为的问题，存在着严重分歧。

恶意黑客还负责创建和使用病毒、木马、蠕虫及其他形式的恶意软件，或流氓软件等。这些工具扰乱网络信息流通量、捕获敏感资源的密码、删除或损坏文件，以及为了未来的攻击而利用被感染的系统等。此外，他们通过使部分攻击自动化，简化了黑客攻击的过程，使黑客更容易获得对计算机系统的访问权限。因而，使用恶意软件还通常与网络侵权行为密切相关。

网络侵权所造成的后果不计其数，不但会占据新闻头条，而且经常要付出沉重的代价。据美国政府问责局估计，每年各种形式的计算机犯罪给美国经济造成的损失超过 1000 亿美元。此外，美国互联网犯罪投诉中心（IC3）发现，2009 年，由计算机犯罪投诉获悉的全部的美元损失有 5590 亿美元，平均每位受害者的损失是 575 美元。最近，该机构评估了恶意软件和垃圾邮件对世界经济的全球性影响，它们每年给世界经济造成的损失高达 1000 亿美元。事实上，恶意软件如此猖獗，以至于最近 Consumer Reports 对此做了专项调查。调查发现，美国 1/3 的家庭遭到了活跃的恶意软件的感染，由于保护软件程序及由系统错误导致的计算机更新换代，使他们付出了大约 23 亿美元的代价。因此，网络侵权犯罪通常被视为全世界最严重的网络犯罪形式。

网络诈骗和盗窃

第二类网络犯罪是网络诈骗和盗窃，这可以延伸到黑客和其他形式的网络侵权行为。由于便于使用，技术很容易引发欺诈，并且，个人利用这样的技术可以很轻松地操纵电子邮件或进行其他形式的沟通。例如，犯罪分子可以利用电子邮件，通过网络钓鱼软件，从受害者那里获取银行账户信息。在这种情况下，犯罪分子将消息发送到成百上千或成千上万的电子邮箱中，在邮件里他们声称，收件人的银行或金融机构在他们需要验证的账户中已经检测到了欺诈性收费。他们通常还欺骗受害者，收件人必须在24小时内回复邮件，否则他们的账户就有可能被关闭或他们的在线访问将会受限，在邮件中他们还会提供链接到该机构网站的一个网址。如果个人单击该链接，他们就会打开一个似乎是合法的网站，而实际上，那个网站是由犯罪分子开发的，旨在获取个人的银行账户的用户名、注册信息及其他敏感的信息。

除了传统的盗窃行为之外，此类犯罪还包括数字盗版或非法数字媒体抄袭，例如未经著作权人明确许可的计算机软件、声音和视频记录等。盗版是一个世界性的问题，估计每年有40%~60%的美国青年非法下载了盗版的材料。不同国家的情况大致相同，而在亚洲和非洲，此种情况的发生率估计是最高的。因此，公司版权持有人每年因为盗版会损失数千万美元。

盗版之所以会在全球范围内发生，在很大程度上是由于剽窃者的亚文化造成的。他们违反著作权法，复制原本受版权保护的DVD、蓝光影碟和软件等资料，并在网上分发出去。在影院里，一小部分的剽窃者还利用手机和其他录音设备录制首映电影，并散布到网上。反过来，这些材料通过各种渠道包括文件共享、种子和直接下载网站等被散布出去。种子共享软件允许从世界各地的多台计算机上同时快速下载音乐或电影片段，如今它已成为一种最流行的下载内容的机制。

21世纪中叶，种子客户端开始流行起来，截至2004年，它被认为已经占有超过一半的在线盗版资料。事实上，种子专区最受欢迎的一种资源是海盗湾（TPB），它储存着音乐、软件、视频游戏和新上映的电影等的索引种子文件。该集团是在瑞典以外运营的，已经存在了数年时间，它曾遭到过警察的袭击，其3名主要运营人员曾因侵犯著作权法而被判监禁一年，并被罚处了数百万美元的罚金。然而，海盗湾依然存在并正常经营，它主张版权法只会让富人更富。经常下载媒体的人也提倡这种观点，他们认为盗版行为是一种可以接受的行为，对艺术家或私人产业造成的影响微乎其微。虽然英国的法律机构现在正在与互联网供应商合作，以阻止访问众所周知的种子网站，然而当他们的某个网站被阻止访问后，像这样的社区就会迅速重新出现。人们不禁质疑，如何才能永远控制住这类犯罪。此外，鉴于多国家跨边界执法困难，往往很难管制这些活动，使其完全消失。

网络色情作品和淫秽行为

第三类网络犯罪是网络色情作品和淫秽行为，他们在网上展现有关性的内容。这一类型是独特的，因为网上某些形式的性方面的内容是完全合法的。例如，内容是否涉及淫秽和色情，需要依据当地的法律来判定。在美国，18岁以上的人浏览淫秽色情内容并不违法；尽管根据当地的法律，访问某些内容，如暴力或与动物相关的资料可能是犯罪的。由于在大城市可以相对便宜地连接高速互联网，所以成人色情产业的利润极其丰厚。此外，业余爱好者越来越热衷于在自己家里制作色情内容，他们可以通过高清数码相机、网络摄像机和其他设备制作专业的图像和媒体。

覆盖全球的互联网也形成了聚焦各种越轨性行为的网络亚文化。实际上，通过互联网，人们能够以不贬低自己身份的方式讨论他们的信仰、兴趣和态度。因此，与小众恋物癖相关的内容可以很容易地通过网站论坛、讨论组和在线团体进行传播，并允许个人即时交换信息。

此外，性的亚文化也可能通过合法的行为进行传播，并不涉及越轨行为。例如，妓女们越来越多地利用互联网来宣传她们的服务，并与嫖客保持联系。性工作者的客户也利用这项技术来讨论他们与陪同、妓女和其他性工作者的经历，提供有关他们互动的详细描述，并警告其他人某地区的警务活动。寻求与儿童发生性关系的恋童癖者，同样经常使用以计算机为媒介的通信工具来确定并分享淫秽的色情图像。他们还可以使用论坛和即时消息来联系孩子们，试图将他们的关系转入线下的世界。

网络暴力

最后一种类型的网络犯罪就是网络暴力，它可以通过任何形式在网上散布中伤的、有害的或危险的材料。属于这个类别的行为就是为了造成情感、心理或生理上的伤害。最常见的一种暴力形式就是网络欺凌和骚扰。不同年龄的人通过电子邮件、即时消息或文本制作、发送并接收恐吓的或有关性的消息。为了让世人皆知，人们还可以在公开的网页上发布关于另一个人的令人尴尬的视频、图像和文本。事实上，发生在现实世界中的欺凌和网络欺凌之间有着直接的关系，对此，将在第12章中进行概述。

除了针对个人的暴力行为之外，政治和社会运动也越来越多地利用技术来散布有关原因或信念的信息，技术甚至作为一种协同工具，在线上和线下从事针对不同对象的暴力行为。例如，过去几年中，影响整个中东地区的、发生在英国和阿拉伯国家的骚乱就是通过社交媒体网站组织起来的，包括推特网和Facebook。以计算机为媒介的通信还用于组织快闪或大规模群众团体，他们通过使用网络媒体迅速地组织并迅速行动，而不惊动当地民众或执法机构。

互联网还成为极端分子和恐怖组织用于宣扬他们的意识形态，并使人们在面对暴力时变得激进的一种重要工具。事实上，美国白人至上主义的团体利用网络论坛Stormfront和社交媒体网站来推广他们的信息，并协调示威和其他仇恨言论事件。网站还提供了一个重要的融资场所，如"抵抗记录"唱片公司，个人可以在网站上购买硬摇滚和重金属乐队的光盘和商品，而这些东西都在宣传对其他种族和宗教的仇恨。网站不仅可以帮助他们以一种社会可以接受的形式（如音乐）宣扬他们的意识形态，而且还允许个人直接捐款给国际联盟，那是一个众所周知的极右翼仇恨集团。然而实际上，是该联盟在操控着这个网站，所以他们可以通过销售媒体和商品，以及直接融资来间接赚钱。

极端组织和受意识形态驱使的黑客还利用互联网对世界各地的政府进行攻击。例如，黑客组织 Anonymous 一直从事各种对政府、唱片业和私人企业等的分布式拒绝服务攻击。个人发送多个请求到服务器，不停地覆盖在线内容，以使它们超负荷运转并最终令它们无法为他人工作。这样的攻击可以完全地击毁一个网站或一台线下的服务器，给企业造成经济损失，并可能影响顾客对他们的信任。

有人想要减少盗版媒体在网上的分布，为了表示抗议，Anonymous 使用了分布式拒绝服务攻击。他们认为，知识产权法是不公平的，各国政府都在扼杀消费者的活动，他们呼吁公众对此给出直接的回应，站出来反对这个所谓的暴政。因此，他们经常攻击美国唱片业（RIAA）、各类企业，以及试图规范并阻止访问盗版内容的第三方群体。因此，网络技术的应用已经扩大了极端组织影响群体和目标的能力，并使之远远超出了他们在现实世界中的整体能力。

理论和未来发展方向

值得指出的是，能够解释网上犯罪行为和越轨行为的理论概念十分稀少。有一些线下的理论在解释某些线上的活动方面可能是有用的，但鉴于在本章中所概述行为的多样性，希望读者能得出这样的结论：任何单一的理论都不能用来陈述或解释所有行为。沃尔提供了一个有用的分类学说，可以用来作为解释的起点，但是这些行为的多样性要求有更多专用的理论解释。鉴于线上和线下犯罪活动之间的差异，似乎用线下的理论来解释网络犯罪并不是最好的方法。显而易见，未来的研究就是要建立能协助了解各种各样的线上越轨行为和犯罪活动的新的理论。

鉴于能够用网络技术实施的犯罪行为的范围，需要考虑，在未来这些罪行如何才能随着计算机、手机和互联网连接的创新而改变。在很大程度上，这取决于一个特定的技术及其向消费市场的渗透是否成功。例如，21世纪中叶，黑客和恶意软件的编写者开始攻击智能手机用户，这是因为这些设备在市场上普遍受到欢迎。如今，攻击手机平台的黑客把关注的重点特别放在了最容易遭受伤害的群体身上：安卓手机用户。不同于其他手机平台，安卓应用市场在很大程度上是不受管制的，它可以打着合法应用程序的幌子，轻松地散布恶意软件。反过来，黑客和数据窃贼可以轻松捕获银行信息和敏感的个人数据，并将之用于自己的终端。这类活动的成功使得 McAfee 等安全软件厂商预测，在未来 10 年中，移动恶意软件将成为黑客最得心应手的攻击工具。毫无疑问，在手机用户意识到他们所面临的威胁，并通过杀毒软件和定期更新来保护他们的系统之前，这种模式将继续进行下去。

同样，一系列通过互联网启动的可穿戴式设备，正在全面将技术融入到人们的日常生活中。例如，谷歌眼镜技术可能会对人们记录生活的方式，以及人们与互联网进行互动的方式产生实质性的影响。类似于传统的眼镜，谷歌眼镜是由一个薄的金属框架构成的，只是它另外还包括一个具有可穿戴式计算机特征的、通过声音激活并控制的头戴式显示屏。眼镜用户可以利用该设备去做一系列事情，彻底把双手解放出来，包括拍照、录制视频、上网冲浪、发送电子邮件，以及其他活动。

互联网心理学：寻找另一个自己

虽然该眼镜技术仍处于起步阶段，但它如果流行起来，很可能会从根本上影响人们应用技术的方式，而这种方式远远超出了目前的手机和平板电脑/笔记本电脑所能实现的范围。这个设备意味着，人们将不再需要打开一个设备才能上网并从事基本的网上活动。同时，这一设备还可能致使人们去记录他们日常生活的方方面面，并采用流式传输的方式将这些内容传到社交媒体上。此外，由于它可能会进一步降低人们的个人隐私或空间感，所以它对隐私和安全造成的影响是很难说清楚的。

线上隐私性质的不断变化是另一个需要关注的问题。由于互联网具有匿名性，并提供了隐私保护技术，所以对于某些人来说，目前网络犯罪是具有吸引力的。个人可以通过不同的方法毫不费力地隐藏自己的身份，这使人们很难确定他们居住的地方或他们的实际身份。随着社交媒体网站，如Facebook和推特网，在普通人群中越来越受欢迎，并正在融入各种网站，一个人的真实身份和虚拟身份变得很难分开了。由于犯罪分子已经感知到他们的真实身份可能会被识别，所以一些形式的网络犯罪，如欺凌和骚扰，可能会变得更难以实施。然而其他人可能会继续犯罪，但是他们将寻找更加复杂的技术，以帮助他们降低被察觉的风险。

因此，研究必须着眼于网络犯罪中犯罪分子和受害的预测因素和风险因素。虽然犯罪学和心理学的研究已经确定出了独特的、参与盗版、黑客及其他形式犯罪的行为相关因素和态度相关因素，但很少有人会考虑，一个人线上和线下的经验是如何影响他的身份的。而且，"00后"对没有互联网的生活一无所知，这可能会大大影响他们对网络犯罪和他们的一般身份形成过程的看法。由于几乎所有的工业化国家都能随时随地进行技术访问，这就要求人们针对"计算机和互联网的使用是如何影响青少年成长，以及参与线上和线下的犯罪活动的"问题展开研究。研究的结果不仅可以改善人们对网络犯罪的理解，而且还对个体身份直接受到冒犯或侵害的方式有了新的认识。同时,它还可以加深对21世纪用于犯罪的驱动力的了解。

本章小结

● 本章概述了网络犯罪与越轨行为之间的差异,并关注了其定义,以及可以导致线上和线下越轨行为和犯罪行为的技术。利用手机发送色情照片或色情短信和散布色情材料的具体实例,强调了如何将越轨行为演变成非法行为。

● 对不同类型的行为是否合法的定义由于跨越多个国家法律的缺失而被复杂化了。此外,在美国可能是合法的行为,在世界上的其他地方可能就是违法的,反之亦然。

● 讨论了依赖技术,特别是依赖计算机的犯罪,重点讨论了货币犯罪和身份犯罪。

● 强调了线上和线下犯罪的"表现"是截然不同的。网络犯罪可能不会像线下犯罪那样被轻易识别并留下证据,但这并不意味着网络犯罪活动是不暴露的。然而,那些不会在线下从事犯罪的人,可能会在线上从事犯罪活动,因为对于大多数人而言,技术不仅易于使用且发展迅速。而且,很多人并没有意识到,在网上他们可以被识别出来。

● 惩治网络犯罪的一个主要障碍是一次行动中受到攻击的人的数量。通过垃圾邮件和诈骗骗局,如419骗局,犯罪分子可以尽情地购买和出售用户的数据。在线下联系成千上万的人不仅耗费时间,而且成本过高。即使诈骗者发出了100000封电子邮件,而只有一名受害者做出了回应,他们也不会损失一分钱。在线下也有类似的情况,如传销,或需要拨打电话才能领取奖品的刮刮乐;在网上推广类似的骗局,要比在线下设计并实施诈骗行为经济实惠多了。

- 本章简要介绍了沃尔提出的网络犯罪行为的类型，共分为 4 种：网络侵权行为、网络诈骗和盗窃、网络色情及网络暴力。分别探讨了各种类型的犯罪行为，从而突出了网络犯罪的多样性。

- 可以注意到，社会似乎已经开始接受犯罪行为了，如非法下载电影和音乐。这就意味着，人们认为自己在网上不该受到惩罚；认为他们是匿名的，根本不会被逮捕或起诉。而海盗湾的例子已经说明：事实并非如此。

- 最后，这一领域缺失的理论概念问题已经得到解决，并达成共识，未来的研究针对的是与不同类型的网络行为相关的具体理论的开发，而不是开发试图解释各种犯罪与越轨行为的一个全球性的理论。

- 在本章中，希望读者已经思考过自己的网上行为了。读者曾经碰触过上述那些犯罪行为吗？或者曾经做过那些犯罪行为吗？如果答案是肯定的，那么可能当时甚至没有意识到自己正在做违法的事情。在思考本章结尾列出的某些讨论问题时，仔细思考并给出这些问题的答案。

9 网络欺凌

马格达莱纳·马尔恰克（Megdalena Marczak）
尹恩·科因（Iain Coyne）
英国诺丁汉大学

导论

对网络欺凌这个话题感兴趣的人，往往很难接受对这个话题进行学术研究。在过去的13年中，对网络欺凌的关注呈爆发式增长，部分原因是青少年大量使用计算机和移动设备，还有一部分原因是家长、媒体和更广泛的社会群体开始关注这些负面的网络行为。尽管计算机和手机的使用为沟通带来很多便利，然而它们同时也会带来一些负面的体验，如暴力信息、网络论战、"掌掴乐"（注释：当街突然对不认识的路人打耳光或打头，并将这一过程用手机拍下来跟朋友传阅，这是英国青少年最近正风靡的游戏）和色情短信等。本章将论述最近对于网络欺凌的研究，特别是它的概念化、普遍化，以及网络欺凌与传统（线下）欺凌方式带来的不同结果。迄今为止，对网络欺凌的定义十分有限，因此非常渴望通过计算机沟通媒介（CMC）和工作心理学的理论来讨论可能的解释。此外，将讨论现有的减少问题的方法，包括法律、政策约束及技术机构提供的积极/消极方式（如互联网提供商和手机公司）。最后，还会提出未来研究和实践的总体趋势。

什么是网络欺凌？

尽管人们看到了关于网络欺凌研究的兴起，然而网络上的攻击并不是一个新现象。瑞文斯（Rivers）、切尼（Chesney）和寇尼（Coyne）认为，网络论战、灌水和垃圾邮件等行为在网络欺凌这个词出现之前就已经存在了。然而，网络欺凌这个词首先出现在芬克霍（Finkelhor）等对1501个美国学生的样本分析当中。该研究区分了网络聊天室、即时通信和邮件这3种欺凌手段。英国国家儿童之家（现更名为Action for Children）慈善机构首次在报告中公布了2002个通过手机发送的欺凌信息。在此之后，美国、加拿大、英国、欧洲、澳大利亚和以色列等地区开展了一系列关于网络欺凌的研究。这些研究表明，很多儿童正在成为科技负面影响的受害者，这使得对网络欺凌严峻性的关注不断提升。

网络欺凌有多种形式。威拉德（Willard）列举了7种此类行为。这些行为包括网络论战、网络骚扰、网络跟踪、诋毁、伪装、出柜和排斥。黄（Huang）和周（Chou）针对网络欺凌的3个核心群体进行了调查：受害者、侵害者和旁观者。受害者认为，骚扰和威胁是最普遍的欺凌行为，接下来是嘲笑和漠视，最不常用的是散播受害者的谣言。瑞文斯和诺瑞特（Noret）的研究列举了10类相关行为：威胁进行身体暴力，虐待或仇恨，起外号（含同性恋相关），死亡威胁，理想关系的终结，性行为，要求/指令，威胁损害已有关系，威胁家庭，以及恐吓信息。另一个新的网络欺凌方式是色情短信（未经他人同意通过手机或网络发送色情图片）和蓄意破坏（在网络游戏或虚拟世界中进行骚扰）。

网络欺凌

广义上讲，兰格斯（Langos）将网络欺凌分为直接欺凌和间接欺凌。直接欺凌发生在私人领域，由侵害者直接向受害者通过电子设备进行（如直接给受害者打电话，发短信或邮件等）。间接欺凌发生在公共网络空间，包括在容易访问的网络空间上公开受害者的资料，如论坛、公共博客等。

目前，人们已经普遍从行为和媒体视角来思考网络欺凌行为。有时，它被看做不同媒介中的侵略行为（如威胁），有时，它又涉及特定媒介的行为（如色情信息）。已经明确的是网络和虚拟沟通的科技为很多类型的侵犯行为打开了空间，因此对网络欺凌的理解和概念化需要根据这些情况来调整。

网络欺凌的定义

带着这种观点，定义究竟哪些行为构成网络欺凌并非易事，迄今为止，尚未存在一个普遍的定义。早期的网络欺凌研究者根据自己的理解和奥维斯（Olweus）对传统欺凌行为的定义形成了一些概念。很多概念已经被普遍接纳，并广泛应用于欺凌现象的相关研究中，如表 9-1 所示。

表 9-1 网络欺凌研究一览表

研究/年份	定　义
芬克霍等（2000）	网络骚扰：将威胁或其他侵犯行为（非色情教唆）通过网络发送给青少年或将其相关内容公布至网络供他人浏览
贝斯利（2004）	网络欺凌是由个人或团体，以故意伤害他人为目的，利用信息和传播技术，如电子邮件、手机、传呼机、即时聊天工具、诽谤性个人网站和诽谤性个人投票网站等工具，故意传播恶意信息的行为
伊巴拉 & 米歇尔（2006）	网络骚扰：利用网络对某人进行的蓄意攻击行为

续表

研究/年份	定义
帕钦 & 辛度加（2006）	通过电子信息媒介强制进行的、蓄意的、重复的伤害
阿夫塔（2006）	网络欺凌是10岁左右的少年受到折磨、威胁、骚扰或羞辱，或成为其他青少年利用网络、移动设备或数字技术进行攻击的目标。侵害者和受害者双方必须都是青少年，或至少信息被青少年接收或浏览。一旦涉及成年人，它就仅仅是单纯的网络骚扰或网络跟踪
威拉德（2007）	利用网络或其他数字传播设备发送或上传有害的或残酷的信息或图像
斯兰杰 & 史密斯（2008）	通过现代技术设备，特别是手机或互联网进行的攻击
史密斯等（2008）	由个人或团体，利用电子设备进行的一种攻击性的、刻意的行为，旨在重复针对受害者进行攻击，对方无法轻易地进行防御
尤文内 & 格罗斯（2008）	利用网络或其他数字传播设备对某人进行侮辱或威胁
李（2008）	通过电子传播技术例如邮件、手机、掌上电脑（PDA）、即时通信工具或互联网进行的欺凌行为
德永（2010）	网络欺凌即由个人或群体，以刻意伤害他人为目的，通过电子或数字媒介传播敌对或攻击信息的任何行为

以上所有提到的定义都强调了网络欺凌的核心：蓄意伤害，重复，受害者和侵害者双方权力不均衡。然而，尽管这些概念被研究者广泛接受，但依然存在争议。

意图

由于网络欺凌的间接性，很难确定这些行为的意图。因此问题在于，它是否蓄意造成伤害非常重要，因为仅仅是开玩笑而发送短信，很可能也会对受害者造成类似的伤害。因此，受害者对侵害者意图的判断，以及对受害者造成伤害的程度都需要考虑。

重复

负面行为一定要重复在不同的场合发生,才能够和单一的攻击行为相区分,这种重复和传统的欺凌行为类似。然而,间接的网络欺凌不需要受害者证明行为的过程来满足重复的标准。仅仅一次网络欺凌的行为(如编辑一个憎恨网页)可以迅速传播,无法控制浏览人数,它可以无限被浏览、复制、保存或转发等。因此,一个侵害者单一的行为可能会不断被他人复制,并对受害者造成重复伤害。既然如此,传统欺凌方式中的重复性在网络空间并非必要条件。

权力不均等

权力不均等的现象普遍存在于线下欺凌行为的定义中。然而,在网络欺凌中,权力偏向于掌握网络技术的一方。事实上,伊巴拉和米歇尔,以及范德布希(Vandebosch)和范·克里普特(Van Cleemput)都指出,强大的科学技术知识会导致权力的不均等。伊巴拉和米歇尔发现,网络欺凌者认为自己比非欺凌者能更好地掌握互联网的知识,范德布希和范·克里普特认为,掌握较多互联网技能的学生更愿意使用网络或手机体验异常的活动。技术的力量也存在于虚拟世界中,如第二人生(Second Life,一款游戏)。例如,切尼、寇尼、洛根(Logan)和迈登(Madden)指出,虚拟世界的环境更能使掌握专业技术的用户拥有更多的权力,并以此故意伤害他人。

从受害者的角度来看待这个问题,多利(Dooley)等人指出,网络环境的权力不均等不仅仅是由于侵害者掌握更多的权力,还由于受害者缺少权力,一旦信息进入公共网络,它会被传播、保存、转发或编辑,或者被侵害者之外的其他人重新修改。他们认为,一旦某些信息进入网络空间,这个空间环境便很难让它消失，这会增加受害者的无力感。

职场网络欺凌

目前为止，所讨论的网络欺凌主要是以青少年为例。关于职场中同一领域的研究相对较少。尽管其他相关的概念也已列举，但迄今为止网络欺凌这个词本身还没有被完全形成概念。例如，韦瑟比（Weatherbee）和克劳威（Kelloway）定义网络攻击是"两个或两个以上个人之间利用信息与通信技术（ICTs）进行攻击，其中至少一人受到伤害"。李（Li）和陶（Teo）认为，网络粗暴是"以计算机为媒介的互动中违反他人之间互相尊重原则的沟通行为"。寇尼、阿克斯特尔（Axtell）、斯普里格（Sprigg）、法利（Farley）、贝斯特（Best）和科瓦克（Kwok）指出，职场网络欺凌与网络攻击和网络粗暴有所不同，因为职场网络欺凌不涉及组织外部成员的参与，并且关注更高强度的行为。

作为一个新的研究领域，网络欺凌的概念一直存在争议，不同意见主要集中于是否要涵盖传统欺凌行为的定义中的伤害意图、重复性和权力不均等这3个要素。很明显，目前的概念与传统的欺凌定义十分相似，然而人们普遍认为这两种行为是独立的。

网络欺凌与传统欺凌

网络欺凌行为尽管被认为与传统欺凌行为类似，然而与线下的传统欺凌行为相比仍然存在一些特殊性。其中包括以下几点：

- 不可见/匿名性——侵害者可以选择匿名发送信息，降低被抓到的风险。这会导致去抑制化的效果，即个体不再克制自己的在线行为。

● 缺少实体和社会线索——侵害者不会意识到受害者的反应，因为他们无法亲眼看到，因此他们不会亲自面对自己行为的后果。

● 旁观者的角色在网络欺凌中更加复杂，它承担着3个不同的角色。他可以是网络欺凌发生时和受害者在一起（如受害者接收到信息时）、和侵害者在一起（如侵害者发送信息时），或正在浏览传播相关信息的网站。

● 网络欺凌的潜在受众范围有所增加。

● 由于"无处可藏"，因此很难躲避网络欺凌。传统的欺凌中，受害者躲在家里可以安全逃避欺凌，然而，网络欺凌中，受害者可能在任何时候、任何地点接收到欺凌信息。

毫无疑问，网络环境的特殊性使人们认为，网络欺凌和线下的传统欺凌是完全不同的概念。然而，有人指出二者的差异仅取决于欺凌行为的方式和情境（如使用何种媒介、侵害的范围等），以及对受害者的冲击（后面会继续讨论）。理论上，二者是非常相似的概念——仅仅是媒介不同。事实上，人们对网络欺凌的不断解读可能会帮助研究者思考人们是如何定义传统欺凌行为的，特别是人们是否严格将重复性、意图和权力不均等这3个要素纳入定义的标准。

发生率与方法论问题

目前关于青少年网络欺凌发生率的研究主要关注两个方面：网络受害者与网络欺凌者。很多国家的数据表明发生率在10%~72%。在英国，瑞文斯和诺瑞特为期4年的研究发现，在11227名儿童受访者中，15%曾收到过下流的或攻击性的信息和邮件，并且这个数字每年都在增长。职场中的数据较为有限，不同研究表明有9%~21%的职场人士受到过网络欺凌。然而，职场领域的研究才刚刚起步，需要进一步的调查。

在不同国家的比较研究中，研究方法产生了一些问题。例如，一些研究限定了某段时间（如2015年一年）中网络欺凌的发生率，而另一些研究并没有限定。此外，这些研究所涵盖的媒介也有所不同，包括7类（手机/电话、短信、图片/视频、电子邮件、聊天室、即时通信和网站）、9类或5类不同的技术。尽管随着智能手机的演变，通过一部手机可以实现很多种网络沟通的效果。很多研究仅在一个国家中进行，因此可能涉及文化差异。然而，一些研究尝试对比不同国家网络欺凌现象的区别。其中，3个主要的项目为：欧洲达芙妮项目（European Daphne Programme，包涵3个国家和地区：意大利、西班牙和英格兰）、欧盟儿童在线（EU Kids Online，包括33个国家），以及COST行动ISO801（包括30个国家）。

这些研究使用了定量研究方法，通过线上线下调查问卷研究网络欺凌现象，使用任意抽样或小样本量，取决于他们采用总体的研究还是特定的评估项目。总体的评估项目直接询问被调查者是否在某段时间参与了网络欺凌行为，而特定项目询问究竟使用了哪种行为或哪种媒介。总体研究的一个主要问题是，它假设受访者完全理解什么是网络欺凌。在一些国家，很难在他们的语言中找到一个合适的词汇来翻译网络欺凌。

然而，特定项目的调查也存在局限性。在调查问卷中提到的行为并不一定涵盖了全部可能的欺凌行为（由于技术的不断演变，可能会有新的行为出现）。然而，调查问卷上出现的行为和现实行为有所区别，使得通过问卷了解网络欺凌现象的发生率变得非常困难。一些研究会采用二者结合的方式进行调查。研究结果表明，采用特定测量方法的研究得出的发生率较高，侵害者差异为10%。有趣的是，斯兰杰和史密斯的研究发现，特定项目研究方法调查中受害者的增长率仅为1%。

网络欺凌的结果

儿童与青少年的研究文献表明,受到网络欺凌可能会带来严重的身体、社交和心理问题。这些问题包括社会心理问题,如社交焦虑、低自尊和抑郁等;一些网络欺凌受害者具有情感障碍,如悲伤、无助、抑郁和焦虑情绪,或是感到愤怒、失望、沮丧、脆弱、难过和恐惧;以及内在调整问题、精神健康问题、物质滥用和饮食障碍等;最严重的会导致受害者自杀。

还有很多证据表明,网络欺凌与学习成绩下降、注意力不集中、逃学和不良校风密切相关。

少量职场的研究指出了网络欺凌与焦虑、工作满意度、离职意向、幸福感、失去信心、压力增加和病假等问题之间的关系。

由于网络环境的特殊性质,一些作者认为网络欺凌可能会带来更加严重的后果。然而,这种影响取决于网络欺凌的形式。一些形式(如侮辱和威胁)或许比传统欺凌带来的伤害更小,另一些形式,特别是那些利用图片和视频进行勒索并带来人身伤害风险的欺凌更有危害性。

风险因素

很多研究都指出了网络欺凌的人口学和行为因素。很少有研究关注网络欺凌行为的风险预警,以及它是否与学校和职场的欺凌行为相似或相区别。

频繁使用网络是儿童网络骚扰的危险因素。例如，儿童和青少年进入聊天室会受到来自其他聊天室成员带来的攻击行为和心理压力。此外，家庭中计算机放置位置的选择也与网络侵害相关。森古普塔（Senguputa）和乔杜里（Chaudhuri）研究发现，那些在私密空间（如自己的卧室）使用计算机上网的孩子比在公共空间（如客厅）使用计算机的孩子更容易受到网络侵害。另外，涉及网络欺凌中的孩子较少意识到使用网络的风险，包括和他人共享密码、和陌生人聊天等。

另一个风险因素涉及校园暴力和欺凌行为的参与度。伊巴拉和米歇尔指出，在校园中受到肢体欺凌的孩子很可能会成为网络欺凌者。相反，拉斯考斯卡（Raskauskas）和斯托茨（Stoltz）指出，传统欺凌的受害者并非更容易成为网络中的欺凌者，相反他们仍然是网络欺凌的受害者。他们也发现，传统欺凌者通常曾经受到过欺凌并实施网络欺凌行为。卡泽尔（Katzer）等人指出了校园受害经验与网络聊天室之间的关系。

年龄差异

传统欺凌行为更容易在青少年中发生，通常会以语言欺凌的形式持续整个青少年期。男孩比女孩更容易受到肢体欺凌。关于网络欺凌的发生率，以及男孩和女孩在不同年龄段遭受的欺凌形式之间的对比研究相对较少。尽管网络欺凌在不同年龄段发生的程度不同，大量的研究仍然集中在儿童和青少年。另外，不同年龄段的调查结果存在差异。大量研究报告缺少年龄和网络欺凌伤害之间的关系，尽管一些研究认为这种关系是存在的。威廉姆斯（Williams）和圭拉（Guerra）指出，肢体和网络欺凌在初中阶段发生率达到顶峰，并在高中阶段开始下降。事实上，德永认为，年龄与受害之间呈曲线相关，其中13～15岁为高发期。

性别差异

凯斯（Keith）和马丁（Martin）认为，由于网络欺凌与传统欺凌中的关系型欺凌相似，并且由于女生更倾向于使用关系型欺凌，因此女生更容易受到网络欺凌。然而，网络欺凌的性别研究也存在不一致的发现。一些研究表明，很少甚至不存在明显的性别差异，而另一些研究发现男生和女生之间受到欺凌的程度不同。此外，实证研究发现，女生通常会用网络欺凌男生，因为女生比男生更多地使用电子邮件和短信息，而另一些研究数据表明，男生比女生更多地使用网络欺负他人。此外，在网络欺凌的内容上也存在性别差异。男生更倾向于使用同性恋恐惧的内容欺负其他男生，而女生更倾向于散播谣言。

总而言之，根据目前掌握的信息，不一致的发现和多样化的研究方法很难给出一个人口学差异在网络欺凌行为中角色的定论。此外，目前的研究并没有考虑到个体线上与线下身份的相似性和差异性。由于个体在网络中会改变和隐藏自己的线下身份，使得研究年龄和性别在网络欺凌中的角色更加困难。

理论解读

尽管迄今为止少有研究探讨网络欺凌行为的理论基础，一般压力理论（GST）、去个性化效应的社会认同模型（SIDE）和线索过滤理论被认为是可以解释网络欺凌现象的主要理论。

一般压力理论（GST）

GST认为，经历压力的个体同样也会体验到负面情绪，如愤怒、挫折和怨恨，这或许会导致犯罪行为或异常行为，如欺凌或网络欺凌。此外，欺凌行为也会导致其他不良结果，如故意破坏、偷盗、斗殴和物质滥用等。帕钦（Patchin）和辛度亚（Hinduja）利用GST研究了传统和网络欺凌的影响因素。他们研究发现，压力和负面情绪（如愤怒或挫折）很大程度上与传统及网络欺凌行为相关。

去个性化效应的社会认同模型

津巴多指出，去个性化的状态是由多重因素造成的，如匿名性、个体责任丧失、唤醒、感觉超负荷、新奇性、无组织情境，以及非法的物质和酒精等。最近关于计算机媒介的研究指出，网络沟通的匿名性具有去个性化效应。研究表明，它或许会导致个体并不在乎他人如何评价自己，以及不考虑当时的情绪而直接进行反应。布兰德泽（Brandtzaeg）、斯塔克拉德（Staksrud）、哈根（Hagen）和沃德（Wold）认为，"匿名性和自我意识缺失"是去个性化进程的主要原因。由于网络互动的间接性和独立性，这一假设可以让人们进一步理解为什么侵害者们认为他们在网络上的行为不会受到惩罚。

线索过滤理论

根据线索过滤理论，基于文本的网络沟通缺少肢体和社会线索，因此会形成反规范化、反抑制化、攻击性和冲动行为。由于缺少直接的反馈（受害者的反馈），侵害者或许不能意识到受害者的苦衷，因此导致侵害者很少有机会感到懊悔或产生同情。然而，网络沟通缺少社会线索，具有潜在的积极面，它可能会影响组织层级。由于匿名性和去个人化导致的社会线索缺失，会改变组织的动力，将员工从严格的组织层级结构中解放出来。这种改变差异可以用面对面互动的例子展示。研究表明，在管理者的意见比员工的意见更加重要的组织会议中，社会层级和参与会议人数之间存在强相关。电子沟通方式则更加开放，为员工提供机会发出他们的声音，不用考虑自己的地位，因为无法看到他们的社会地位信息。

去权理论

为了理解职场网络欺凌，寇尼等人提出了去权理论。这个理论认为，如果员工感到一个"负面"的工作事件影响了他的尊严，则会导致他产生压力，产生负面的影响，进而干扰了他的工作态度和行为。凯恩（Kane）和蒙哥马利（Montgomery）指出，大量的负面事件会导致更严重的去权过程。由于网络欺凌的普遍性，以及会涉及受害者工作之外的其他生活领域，可能会潜在增加个体感受到负面事件的可能性，进而导致去权过程。

李和陶支持去权理论和网络工作环境失礼之间的联系。此外，围绕英国高等教育职工的3项研究，寇尼等人发现了网络欺凌行为与人际关系、工作满意度和精神紧张之间的相关性。

控制网络欺凌

在过去的10年中，世界范围内出现了很多反欺凌法律。法律主要围绕以下3类：①要求学校制定政策或修订已有的关于欺凌的政策，将网络欺凌纳入其中；②更新刑法，将网络沟通纳入其中；③制定关于网络欺凌的新的法律。

制定或修改与欺凌相关的政策

反欺凌法在美国的发展十分显著。尽管没有联邦立法规定必须采取这些措施，然而绝大多数的州（46个）提出学校应当制定或将网络欺凌纳入相关政策中。学校政策仅仅约束学生在校期间的行为，如当学生在操场、上下学路上、上课期间和学校活动期间。

英格兰与威尔士的政策规定，每个学校必须要制定和执行反欺凌政策，英格兰和威尔士教育部将欺凌的概念进行扩展，将网络欺凌与网络侵害纳入其中，理由是7×24小时使用科学技术，具有更多的潜在受众。学校根据这个概念修订反欺凌政策，教育学生欺凌包括哪些行为。另外，教育与检查行动（2006）允许校长管理非在校期间学生的行为，"只要合理即可"。这一行动还赋予教师没收学生物品的权利，如手机。

将网络沟通纳入已有法律

加拿大有一部诽谤法，用于保护个人的声誉，可以将其使用到网络欺凌当中。根据加拿大的刑法，其刑期为5年。第264条规定，通过网络恶意骚扰他人可被视为犯罪侵害。加拿大政府根据科学技术修订了网络骚扰的定义，使其能够处理网络欺凌案件。

在澳大利亚，联邦刑法修订案规定，利用传播途径（如手机或互联网）对他人进行骚扰将被视为犯罪。被认为有罪的人最多可受到有期徒刑3年的惩罚。然而，直到本文写作完成时，尚没有使用这项法律获刑的案例。

网络欺凌

为网络欺凌制定新的法律

网络实名制是一个新型反欺凌法律,它已在韩国和中国普遍实施。这一措施要求网站运营者在用户登录时采集并保存其身份记录。如果相关评论触犯法律,则网站运营者必须提交用户信息。

干预措施

尽管立法有助于减少网络欺凌,然而它需要权衡互联网用户的网上行为。因此,预防被认为是处理网络欺凌行为最好的方法之一。

很多预防措施借鉴传统欺凌的防御方式同样获得了成功。然而有人认为,网络欺凌的防御措施需要与其他元素相结合,从而形成完整的学校反欺凌体系政策,并通过课程提升反欺凌意识。莎米瓦里(Salmivalli)、卡尔纳(Karna)和波基帕塔(Poskiparta)评估了芬兰的反欺凌项目"KiVa",结果表明,它对于降低网络欺凌的效果与传统欺凌相同。另一类在网络欺凌中同样有效的干预措施被称为质量圈方法。它将学生分成小组,找出某个问题的相关信息,通过结构化讨论技术发现解决方案,提供给教师或校方考虑是否采纳。

目前还没有很多专门为网络欺凌设计的防御或干预措施。英国2009年启动了反欺凌慈善组织,这是一种新型的在线同伴支持小组,称为网络指导。11~17岁的青少年在接受培训后成为网络指导师。这个培训为他们提供技能和信心来进行线下(学校社团)和线上(反欺凌网站)指导。这项措施经过班纳吉(Banerjee)、罗宾森(Robinson)、斯玛丽(Smalley)、汤普森(Thompson)和史密斯(Smith)等人的评估获得了积极的结果。

新的干预和防御资源仍在不断更新当中,例如,全球儿童网及儿童遭受剥削和网上保护中心(CEOP)拍摄了两部网络安全电影,用于中学教学。

尽管网络欺凌的干预措施仍处在初始阶段,拜伦提出了5个核心方面,将网络欺凌干预措施与传统欺凌相区分,这使得学校可以设置更加有效的干预计划。它们包括:①理解和介绍网络欺凌;②修订现有的政策和实践;③让网络欺凌报告更加容易;④提升科技的积极使用;⑤评估干预措施的影响。

最后,网络服务供应商、社交网站和手机公司等,也需要考虑他们能够采用何种措施来降低网络欺凌的发生。寇尼和冈茨多(Gountsidou)强调,技术和教育的特征被引入到科技产业来提升互联网应用的安全性。另外,一些组织采用了欧洲国家的自我约束条例来提升安全的网络行为。然而,它作为减少网络欺凌实践的有效性仍有待考察。

本章小结

尽管这是一个相对较新的研究领域,却已经发现了对网络欺凌更好的理解;它的属性、它的影响,以及与传统欺凌的相似性和差异。研究和实践吸引了全球范围的研究者共同讨论,帮助减少网络欺凌。目前,这种专业和知识的融合聚焦于儿童和青少年的网络欺凌,很少有研究关注成人或职场人群。该领域的研究范围会不断扩大,而可参考的模型如果是传统欺凌行为,则非常期待能够看到更多关注职场人群欺凌的研究。然而,对于研究者来说仍然存在一些挑战,包括以下几个方面:

网络欺凌

- 采用不同的研究方法，例如：适当的抽样程序（通常是在线调查中主动参与的样本）、纵向研究和实验设计（很多研究采用横断面研究设计）。

- 研究不仅仅聚焦于互联网沟通对青少年社会心理发展的影响，同样也关注这些影响产生的过程。

- 测试更多的理论模型，网络欺凌领域或是心理学领域的普通理论（如压力、归因理论等）。

- 飞速变化的技术环境不仅仅需要人们改变对网络欺凌概念的理解，也需要反转人们的理论模型和干预措施（特别是法律框架）。

10 网络健康心理学

格拉尼·柯万（Grálnne Kirwan）
爱尔兰艺术设计和技术研究所

导论

如果浏览互联网心理学的文献，会发现很多研究关注科学技术与健康心理学之间的关系，特别是在网络信息搜索、网络活动对健康的负面影响，以及科技如何帮助人们提升健康水平等方面。

本章首先介绍了健康心理学领域一些关键的研究方向，如健康信念、疾病认知、严重疾病、与医疗专业人士沟通、疼痛和安慰剂效应等。本章内容为不太了解健康心理学的读者提供了简单的理论背景——对于健康心理学十分了解的读者可以跳过此章直接阅读后面的章节，后面的内容重点集中讨论网络健康心理学。将探讨疾病应对过程中互联网的角色，特别是如何运用互联网对疾病和创伤信息进行搜索；介绍上网自诊症，以及其与一般网络信息搜索的关系，并解读一些常见的心理失调；概述疾病、创伤及其他身体状况应对中社会支持的重要性，以及运用网络支持团体的益处与风险，特别是沟通理论如何鼓励个体利用这类网络团体。这些内容在第

12 章"互联网支持系统"中还会详细探讨。接下来，本章会介绍科技为生活带来的负面影响，如进食障碍网站，使用便捷移动设备无止境地处理工作，久坐行为（如玩网络游戏）对健康产生的影响等。最后，通过讨论科技如何改善人们的健康，探讨不同科技干预方式，如视频游戏、虚拟现实等带给人们的影响，在第 13 章中会进一步讨论在线咨询与治疗。

健康心理学简介

现代医学正在不断进步，这得益于医生、药剂师和其他健康专家的不断研究。人们希望大部分小病痛可以通过吃药或简单的手术得到治疗。随着抗生素等药物的被发现，几十年前可能致命的疾病在现如今仅仅是一个小问题。人们经常期待医生可以让自己好起来——根据自己描述的症状，医生做一些检查，然后提出治疗方案。然而如果医生没有提供处方，而是给出了一些其他的治疗方式，如改变人们的生活习惯，这会发生什么呢？他们认为如果戒烟、多锻炼、吃健康食品，或保证足够的休息和睡眠，问题就会消失。这类建议会引起患者不同的反应——一些患者会接纳建议并尝试去弥补，而另一些患者则会觉得去了医院却没有得到一个治疗方案，好像白跑一趟。使用不必要的药物可能会对社会和个人带来严重的后果（例如，抗生素使用不当会产生抗生素耐药性，这是全社会的威胁），因为这类治疗的经济负担最终会落在纳税人身上。并且，不必要的治疗和诊断性测试也可能会增加医院和诊所的流量，使得患者的等待时间延长。尽管存在这些问题，出于患者的要求和压力，一些医生仍然会让患者做一些不必要的治疗和检查。他们担心如果不这么做，可能会失去患者的信任，并且需要面对患者的质疑，从而影响医患之间的关系。医生们意识到，他们的角色非常复杂，不仅仅是给出"治疗方案"——医患关系也是患者长期健康水平的重要影响因素。

　　这个情境表现出一些（并非全部）健康心理学的重要研究领域。它关注患者与护理人员之间的关系，特别是二者在关系中的角色。例如，如果医生不为患者开治疗处方，则患者会感到不被医生重视，他们认为医生有责任治好他们的疾病，而自己作为患者，在这段关系中的角色是被动的一方。另外，医生可能觉得，医患关系是以合作为基础的，需要医生和患者共同努力来改善患者的健康水平。这也体现了患者的疾病认知或疾病诠释——患者对自己疾病的信念。有时可以通过患者的疾病认知或疾病诠释来了解他们对疾病或其他身体问题的反映模式（如常识模式）。因此，要求医生提供治疗处方的患者相信，处理疾病的最好方式是通过医疗手段，而非其他方式。与之相关的概念是个体关于健康的普遍认知——他们是否认为自己的行为会影响健康水平？他们是否认为自己可以改变自己的行为方式？当人们的健康信念和疾病认知与现实不符时，会引起注意。例如，一个上年纪的肥胖烟民，时常酗酒，工作压力很大，如果他患有心脏病，会感到同情，但并不会吃惊。然而，如果是一位生活方式非常健康的年轻女士患有同样的心脏病，则会觉得很吃惊——人们的健康信念和疾病认知决定了自己认为谁更容易得心脏病，如果情况与认知相反，则会觉得很难相信。

　　健康心理学家发展和评估了很多与健康信念和疾病认知相关的模型，它不仅形成了理解个体健康行为的基础，同时也能够理解，当个体意识到自己的行为导致了疾病时他们有何感受，以及当他们得到疾病诊断时的反应。这些概念可以帮助人们理解为什么个体会在不同的刺激下改变他们的行为来或多或少地改变健康水平。理解为什么个体会改变行为模式，可以更好地帮助人们设计促进健康生活方式的干预措施，预测哪些患者可能会坚持治疗方案，以及为什么其他患者无法坚持这些方案。这些模式还可以帮助人们理解对筛查的态度——为什么一些人逃避那些可能发现疾病早期迹象的常规检查？为什么一些人尽管很担心自己的症状，却依然避免寻求医疗手段？为什么有的人即使知道没有必要，却依然不停地寻求侵入式的诊断性检查？

尽管任何疾病或身体问题都可以是健康心理学研究的对象，然而更多的研究仍然关注慢性疾病和严重身体问题，或是与心脏病类似的其他严重疾病（如艾滋病和癌症），以及其他身体问题（如肥胖、不孕不育等）。压力也是研究对象之一，包括压力如何影响预后及身体状况的持续性。老龄化过程的心理学因素，吸烟、酗酒和药物滥用等问题也有所涉及。另外一个重点研究方向是疼痛体验——为什么不同的人对疼痛的容忍度有差异？为什么在某些条件下会有更强的痛感？研究提出了很多种关于疼痛的理论，其中以梅尔扎克（Melzack）和沃尔（Wall）的"门控理论"最为出名（尽管是因为受到很多批判）。健康心理学家研究如何治疗慢性疼痛，以及如何进行疼痛管理。

最后一个经常研究的领域是安慰剂效应——无效的药物对患者产生了治疗效果。如果效果是负面的，则该药物被称为反安慰剂。安慰剂可以减少疼痛感，增强能量，降低焦虑或抑郁的程度，以及产生其他类似的结果。安慰剂的使用在临床试验中十分重要，用来说明特定的药物或治疗方式会产生预期的结果，然而安慰剂效应背后的机制引起了健康心理学家的兴趣——为什么无效的药物会影响生物过程？治疗中使用安慰剂也存在伦理问题，需要谨慎考虑。

本节简短地列举了一小部分健康心理学的研究方向和概念。这个话题在其他论文、期刊和杂志等文献中有更详细的研究。在简·奥格登（Jane Ogden）的《健康心理学》（2012，第 5 版），以及鲍姆（Baum）、瑞文森（Revenson）和辛格（Singer）的《健康心理学手册》（2012，第 2 版）中可以了解更多的相关内容。

应对方式及网络资源

人类发展了很多应对机制来帮助自身减轻疾病、创伤和其他问题带来的压力。压力、健康和应对三者的结合是很多研究文献的主要内容，本节主要探讨个体如何应用互联网上的资源作为疾病和创伤应对策略之一。很多研究者关注为什么个体会利用互联网作为应对机制。例如，李（Li）和霍金斯（Hawkins）指出，一个关键理由是未满足的需求，无论这些需求是相关健康信息还是情绪上的支持，这也是要讨论的两个主要网络应对策略。当然，还有很多个体可能使用其他应对策略，无论是线上还是线下，然而更多的研究关注线上策略中的这两个主要方面。

互联网作为信息的来源

在互联网普及之前，绝大多数人很少能够接触到医疗方面的信息。如果某个人生病或受伤，希望能够查找相关的信息，他们仅能从自己的主治医生或其他有限的资源那里获得，如图书馆、电视或朋友等。而如今，人们被网上充足的医疗信息包围。可以根据自己的症状在网上查询诊断，或找到一种新的方法来治疗自己的疾病。在搜索引擎中输入任何症状，都会出现很多相关的网站，尽管大家普遍认为这些网站的内容质量并不一定完全可靠。一些信息是由政府认可的公共健康机构发布的，另一些可能是对这一领域感兴趣的外行人员编写的，甚至可能是一些个体户为了盈利，将尚未证实或得到批准的药物销售给急于求治的患者，或是付不起正规治疗费用的患者。

很多研究检验了患者对互联网的使用。迪亚兹（Diaz）等研究发现，超过一半接受邮件问卷调查的受众表示，他们会使用网络作为医疗信息来源，这些人中有60%认为网上搜索到的信息和从医生那里获得的信息是相同的，甚至更好。只有41%共享了他们从医生那里获得的信息。在迪亚兹的研究之后，互联网的用户数量不断增长，李（Li）、奥兰治（Orrange）、克拉维茨（Kravitz）和贝尔（Bell）最近的研究发现，更多的用户（占80%）会在见过医生之后继续上网搜索信息。主要的信息来源是论坛帖子（91%），这类信息搜索与和医生的会面有直接关联，患者在医生会诊后产生了焦虑情绪，或是没有体验到以患者为中心的交流方式。大量用户（40%）对医疗人员的表现不满意。这些研究发现，很多信息，特别是论坛帖子，通常是由不具备医学背景的外行人士编写的。然而，论坛成员来自不同的在线支持小组，这些成员会影响利用论坛发帖寻找信息的用户。在类似的研究中，胡（Hu）、贝尔、克拉维茨和奥兰治询问在线支持小组成员，在医生会诊前如何使用线上和线下资源。他们发现，会诊前上网进行信息搜索在这个群体中非常普遍，但通常会有线下信息作为补充。相信自己可以控制自己疾病的患者更愿意使用网络资源，而对医生的信任与预先搜索信息无关。

与李类似，塔斯汀（Tustin）的研究发现，癌症论坛用户的不满与网络健康信息搜集相关，他们特别注意到，医疗提供商在患者身上花费的时间也与他们预先的信息来源（肿瘤医师还是互联网）相关。这一研究发现的重要性在于，如果患者对他的医生不满，他们会认为网络上的信息比医生给出的信息更好，这也会影响他们是否配合医生给出的治疗方案。布雷特（Brett）和麦考夫（McCullough）研究指出，网络资源会鼓励患者挑战他们的医师，要求进行某些或许不对症的治疗或检查。尽管毫无疑问，这类关于患者的调查对他们的预后十分有益，布雷特和麦考夫指出，虽然并没有什么好处，但医生拒绝此类要求有时非常困难。

研究还检验了不同类别的搜索对结果的影响。例如，王（Wang）等人用乳腺癌作为关键词，比较了4种搜索引擎的搜索结果，以及用户对搜索结果的使用。他们发现，不同搜索引擎的关键词内容有所不同（如针对普通人群和针对专业人士的网站），然而4种搜索引擎都识别出了6个业内人士公认的该领域广为人知的网站，并排在搜索列表前30以内的位置。

另一个相关的概念是"网络自诊"，这个概念是由怀特（White）和霍维茨（Horvitz）提出的，也就是"根据搜索结果和网络上的文献，对尚未得到诊断的症状进行解读"。然而，另一些研究者使用了更广泛的定义——史密斯（Smith）、福克斯（Fox）、戴维斯（Davies）和哈米迪-曼妮诗（Hamidi-Manesh）认为，网络自诊是指"任何在网上寻找与健康相关的信息的用户行为"。网络自诊的定义和关注点主要来自精神障碍诊断与统计手册（第4版）（DSM-IV-TR，美国心理学会）中定义的疑病症。然而，第5版精神疾病诊断手册已经移除了这一项病症，取而代之的是躯体症状障碍（SSD）和疾病焦虑障碍等。SSD不一定缺少医疗解释，然而个体一定会"感到痛苦或导致其日常生活受到显著破坏，伴随过度的想法、感觉或行为"。如果一个人具有很高的健康焦虑，但并没有躯体症状，则诊断为疾病焦虑障碍。这样一来，尽管网络自诊症引起了很多研究者的兴趣，然而将其作为一个症状则需要谨慎考虑，特别是当焦虑感并未达到影响和破坏日常生活的程度时。正如体验到难过情绪的人并非全部达到抑郁障碍的标准，上网搜索医疗信息的人也并非都达到了躯体症状障碍或疾病焦虑障碍的程度。

互联网作为社会支持资源

威尔斯（Wills）和安妮特（Ainette）描述了社会支持（或它的有效性）如何能够对个人带来有益的关系，包括"低发病率和死亡率……高心理幸福感，低健康风险行为"。例如，社会支持会鼓励人们更好地锻炼，做常规检查，或促进他们的健康行为。它也能够鼓励人们遵循治疗方案或避免药物滥用。瑞文森（Revenson）和莱波雷（Lepore）综述了社会语境下的疾病应对方式，以及社会支持如何提升应对能力的相关文献。例如，他们描述了社会认知处理模式（SCP），即人们需要与他人讨论自己重大的压力和创伤，特别是在这些体验的初期。这也许会有助于认知和情绪适应，然而这取决于朋友们的反应。比如，如果朋友对这个话题感到无聊或不关心，或不理解这个问题的复杂性，这时获得的效益会很少。针对特定疾病或创伤的网络支持小组，可以帮助个体分享他们的经验，并让他们感到小组里的其他成员不会觉得无聊，更能理解他们的境况。

尽管威尔斯和安妮特及瑞文森和莱波雷所描述的社会支持基本上属于闲暇支持系统（如伴侣、家庭和朋友等），仍然有一些研究关注网络社会支持小组的角色。例如，塔尼斯（Tanis）探讨了网络社会支持小组的潜在优势，然而用户需要谨慎使用。他认为，网络的匿名性及真实形象不可见意味着网络支持小组可以提供一种有效的支持。特别是在个体认为他们的现实自我与理想自我和应该自我不符的时候。以肥胖为例，肥胖的人会感受到一定程度的羞耻感或负罪感，因为他们的现实自我状态比理想自己和应该自我状态更加肥胖（网络自我状态类型请参考第 2 章）。网络支持机制使得这类人群可以加入减肥支持小组（或其他健康小组），不会感到线下支持小组可能带来的羞耻感或负罪感。这种匿名性和真实形象不可见或许是鼓励人们寻求支持小组非常关键的因素。塔尼斯还指出，匿名性和真实形象不可见还可能逾越传统线下模式的障碍，如地域，这使得人们可以参与到往常无法接触到的小组当中。然而，塔尼斯也强调，这类小组仍然存在一定的风险性，如欺骗、网络跟踪、网络社群依赖、虚假信息，或迫使人们相信他的疾病毫无治愈希望，导致疾病或创伤的宿命观。

然而，很多研究检验了健康领域网络社会支持的使用，例如，在线论坛作为不同疾病或身体状况的支持，包括癌症、怀孕、流产、子宫切除康复、肠易激综合征和不育症等（详见第 12 章"互联网支持系统"）。

塔尼斯列举出很多理由说明在线沟通是寻求支持的非常有利的方式。除了匿名性和不可见性外，另外一些理论也可以帮助人们理解这种模式。例如，沃尔特（Walther）的超个人沟通理论认为，网络沟通会带来更高水平的迷恋和情感。另一些与之相关的理论是阿尔特曼（Altman）和泰勒（Taylor）的社会渗透理论及相互作用的重要性。赫伯特·克拉克（Herb Clark）关于沟通中的共识性也与此相关——很多支持组织中的成员对某些特定的条件已有所了解，因此沟通起来比较容易，不需要寻求帮助或在提出建议的过程中进行不必要的解释。

另一个相关的理论是苏勒的网络去抑制效应。他认为，个体在网络上会比在线下透露更多私人信息。有许多因素会导致这种自我信息透露，包括"匿名性"、不可见性、交流不同步、过多自我投入感、游离于现实的想象和弱化权威等。尽管苏勒引用的很多文献都是关于去抑制效应的有害性，以及由此产生的负面行为，如网络欺凌，然而他同时也指出了良性的去抑制，如亲善或利他的行为。在很多网络支持论坛中，这种良性的去抑制化现象十分明显，用户互相之间提供支持和建议。很可能是网络匿名性和不可见性使得用户更容易就那些对医生都难以启齿的问题寻求帮助。

最后，任何网络支持论坛的用户都需要认识到在网上分享信息的隐私和安全性的风险。信息过度暴露的可能性一直存在，特别是当涉及私人信息时。在线论坛信息公开的特性很容易被忽视，很多人认为用户的评论仅限于话题发起人，然而偶然路过的访客也有可能看到这些信息。因此网络信息搜索与隐私、安全和信任问题密切相关，在第 14 章中会详细讨论并分析为什么会发生信息过度暴露。

科技对健康带来的风险

至此，本章已经基本探讨了技术对个体健康的支持。然而，媒体报道了很多科技对人们健康的影响。这一节的内容是关于科技如何对人们的幸福感产生不利的影响，特别是移动设备的更新换代导致的"实时在线"的心态、网络衍生出的有害行为，以及久坐的生活方式带来的影响等。

压力与"实时在线"心态

2014 年，很多新闻网站报道法国实施了一项新的法律，禁止早 9 点前和晚 6 点后发送工作电子邮件。尽管后来被证实，这条新闻并不准确——这项规定属于劳资协议，而非法律，仅仅被一小部分企业采用（参见"法国下午 6 点电子邮件禁令"）。然而，值得思考的是，无休止地接收和回复电子邮件是否会影响员工的健康？

在互联网普及之前，很多和工作相关的沟通在员工下班后便会停止（除非是下班后继续接听电话或在非工作时间进行类似的活动）。随着普通家庭接入互联网，以及后来 WiFi 的普及，移动存储、智能手机和掌上设备为工作沟通带来了不一样的形态，特别是电子邮件。如今人们已习惯随时进行这类沟通，包括晚上，因此有人担心，很多企业会越来越期待员工可以在非工作时间回复邮件。

雷内克（Rennecker）和德克斯（Derks）综述了邮件过载的相关研究数据后指出，引起这个问题的并非仅仅是邮件收/发的数量和所花费的时间。这种过载还受到其他因素的影响，如回复时间的压力、无法控制大量接收信息、干扰，以及意料之外的任务。雷内克和德克斯认为，邮件过载有 3 种形式——信息过载、工作过载和社交过载。信息过载是指对收到的信息进行处理的需求；工作过载是指对处理信息能力的不合理的期待；社交过载来自不同的互动和角色的需求。

这些压力或许并不会直接从电子邮件或工作沟通中显现出来。梅耶（Maier）、劳莫（Laumer）、艾克哈特（Eckhardt）和威茨（Weitzel）指出，社交网站还可能会引起情感耗竭。然而，邮件过载并非不可避免——帕克（Park）与杰克斯（Jex）称，员工可以建立一些有益的边界来维持工作和生活的平衡。

网络资源对健康的害处

如前所述，个体可能会在网络上搜索医疗信息。然而在搜索的过程中，他们会有意无意地接触一些可能会对他们的健康有害的信息或产品。有很多有害信息的例子，如"丝路"（Silk Road）——某贩卖违法商品或毒品的大型网络市场。很多关于网络健康的心理学研究都在关注调查在线社群和网站导致的饮食障碍。

互联网的属性是连接人与人，然而也包括那些持有有害兴趣和观点的人。随着互联网的发展，饮食障碍者期待通过网络寻找支持和建议，然而很多的网站如支持厌食症或支持贪食症的内容依然存在。诺瑞斯（Norris）、博伊德尔（Boydell）、皮哈斯（Pinhas）和卡兹曼（Katzman）分析了 20 个厌食症网站的内容，很多网站都包含小窍门和"励瘦"的图片（这些图片能够激发读者减肥的动机）。这些网站的主题包括控制、成功和完美主义。近期的一项研究调查了 180 个活跃的网站，发现了类似的结果。这些内容象征着患者渴望的理想自我与现实自我之间存在差异，但同时也希望他们的真实自我被接纳，并且了解到他人也有与自己类似的目标，以此来强化自己的目标。然而，博列洛（Boero）和帕斯克（Pascoe）描述，支持厌食网络群体的成员由于担心成员身份的真实性,因此很难真正建立起网络群体——特别是那些并非真正厌食,但希望自己厌食的成员。

迪亚斯认为,互联网提供了一个空间,让厌食症患者可以表达那些不愿意告诉别人的想法,然而,很多社群对他们的回应却是多种多样的。布罗斯基(Brotsky)和盖尔斯(Giles)伪装成社群成员发了一篇帖子后,发现既有支持的回应,也有反对的回应,因此他们认为网络社群存在小群体,可以使他们"暂时脱离线下的敌意",然而似乎除此之外并没有提供任何有治疗价值的帮助。约书亚-卡兹(Yeshua-Katz)和马丁斯(Martins)访谈了几位支持厌食的博主,他们的动机是寻找社会支持,应对污名化的疾病,并采用一种自我表达方式,尽管他们声称担心暴露自己的进食障碍,也担心他们的博客会引起他人的不正常进食。

久坐与健康

2012年,媒体报道了中国台湾十几岁的少年在40个小时不间断地久坐打网络游戏"地下城与勇士3"后突然死亡。警方调查推测,游戏"马拉松"导致了心血管问题。尽管这是一个极端的案例,但长时间玩网络游戏导致死亡的案例并不罕见。常见的案例并没有这么极端,但仍然令人担忧,这种情况与久坐使用高科技的行为相关。例如,卡尔威特(Calvert)、斯蒂亚诺(Staiano)和邦德(Bond)指出电子游戏常与儿童肥胖有关(尽管他们也指出,这些游戏也可能会增加他们的身体活动,让他们接触到更健康的食物)。麦凯尔(Melchior)、夏洛特(Chollet)、弗布恩(Fombonne)、瑟肯(Surkan)和德莱伊-斯派拉发现,22~35岁,每周至少玩一次游戏的年轻玩家,比不玩游戏的同龄人肥胖程度更高。利普(Lepp)、巴克利(Barkley)、桑德斯(Sanders)、莱波德(Rebold)和盖茨(Gates)发现,使用手机会对有氧运动产生负面影响,因为人们会避免再去进行可以用手机替代的身体活动。

还有很多研究进一步表明了科技对健康带来的负面影响，然而，夏恩（Scharrer）和泽勒（Zeller）发现，13~15岁年龄段的身体质量指数与玩电子游戏时间之间并没有直接相关。此外，游戏开发者也在不断关注替代的互动方法，以及游戏增加幸福感的潜力，这个话题也在吸引很多的研究者。下一节将会探讨科技改变人们健康水平的内容。

科技治疗和改善健康的作用

关于科技作为改善健康策略的研究关注很多个方向，例如，利用远端呈现技术进行医疗咨询，在线诊断，智能手机追踪疗程，记录健康行为的软件（特别是智能手机 APP），游戏化健康行为，虚拟现实治疗进食障碍和成瘾，以及疼痛管理等。

游戏、游戏化及智能手机 APP 帮助改善健康

在过去的10年里，传统的、久坐式的操纵游戏方法已经逐渐被移动感官设备所取代，以便涉及更多的身体动作（"体感游戏"）。最近不断出现的是改善健康的智能手机 APP。这些应用具有不同的目标，例如帮助用户改善睡眠节奏，鼓励健康的饮食方式，设置减肥目标和身材标准，或是帮助用户进行冥想训练。很多技术和应用程序可以结合可穿戴设备使用，如可以测量心跳和运动水平的智能手表。利用手机改善健康水平已经不是新鲜的话题，而可穿戴设备提供了更精确的追踪机制。智能手机应用（和其他提升身心健康的软件）有时是一种提升效率的策略，这里称之为游戏化。游戏化是"在非游戏系统中使用游戏元素来改善用户体验（UX）和参与度"。

这些元素包括排行榜、完成任务目标后的奖励等。

尽管目前并没有很多研究结果用于说明智能手机应用的效果，然而有一些研究发现说明了动作游戏会增加用户的身体活动。一些研究和论文提出，这种科技干预表现出很多情况下治疗和管理的成功，包括压力管理、康复、肥胖和耳鸣等。斯特拉克（Straker）、阿伯特（Abbott）和史密斯（Smith）发现，用身体参与游戏的方式代替久坐的游戏方式，与完全取消游戏，对10～12岁儿童增加身体活动具有相似的效果。约瑟夫等（Joseph）的研究尽管没有发现使用改善健康网站的非裔美国女性的身体质量指数有明显的下降，然而这些网站的确帮助她们减少了久坐的时间，并能够更好地自我调节身体运动。卡尔（Carr）的研究发现，这种改善身体运动的设计在短期非常有效，但很难持久。

大量的研究者综述了已有研究的成果。这些综述显示了有效性，尽管结果比较有局限。李布朗克（LeBlanc）研究发现，体感游戏可以增加儿童和青少年的剧烈体能支出。他们的结论是，日常的身体活动并不固定，不能够增加日常的身体活动。帕里所（Parisod）开展了一项"综述的综述"研究，概括了关于游戏与儿童健康的细节，认为尽管存在身体运动量的增加，然而仅仅是轻度或中度水平的增加，并且只存在于那些同时运用上下肢运动的游戏。帕里所也指出，久坐的游戏可能会导致与哮喘和糖尿病相关的行为与饮食结构。

很多改善健康的软件设计师需要具有健康心理学方面的知识，并且人际互动的方式应该与健康干预的结构、设计及内容相适应。莱利（Riley）指出，可以在更广泛的干预层面使用健康行为的理论，特别是坚持改善健康行为与疾病管理（而不是戒烟或减肥）。然而，他们认为健康行为理论或许需要根据移动设备所允许的干预方式进行调整。另一些因素，如安全、可用性和技术困难，也需要在设计中进行整合。最后，合理的调研设计、安装程序和流程也需要重点考虑。

智能手机应用和体感游戏这类科技从根本上促进了"自助"式的健康干预，用户遵循屏幕上的指引，并完成这些干预阶段，不需要或仅仅需要很少的专业帮助。然而，虚拟现实这类科技也开始用于健康管理和干预，尤其是成瘾和疼痛管理，在接下来的一节中将进行讨论。

虚拟现实与健康心理学

虚拟现实（VR）由于成本相对较低，具有创新性的头戴设备由此诞生。然而，研究者很多年前已经发现了虚拟现实在临床和健康心理学方面应用的潜力，提出它可以作为补充机制协助很多失调症的治疗。很多研究关注虚拟现实在焦虑症的管理和治疗中的效果，然而虚拟现实治疗成瘾、进食障碍和疼痛控制等领域的研究也逐渐增加。

虚拟现实治疗采用了很多不同的机制，然而最流行的是成瘾和肥胖治疗中的暗示暴露与反应消退。为数不多的研究检验了客户对虚拟暗示的反应和现实情况下是否相同（例如，如果一个人在餐厅吃饭时经常能够引起喝酒的欲望，那么虚拟的环境要模拟出足够逼真的细节来引起这种欲望）。进一步的研究尝试证明在虚拟现实环境中，个体掌握了管理成瘾技巧后，是否能够转移到现实生活中。很多研究探讨了虚拟现实形成渴望或在尼古丁成瘾、酒精滥用、肥胖及非法药物成瘾等治疗中的效益，这些研究的结果充满希望。

很多虚拟现实治疗措施依赖于用户对暗示和虚拟世界环境的注意，虚拟现实用于分散疼痛时，仅仅需要个体将自己沉浸于虚拟环境中，而忽视环境中的内容。通常这些内容是毫不相关的，只要用户觉得它能够吸引和分散注意力即可。然而，在某些情况下，会根据特定的疼痛来选择模拟的环境内容。现有的研究已经涉及虚拟现实在分散疼痛中的使用,特别是它在不同情境下的适用性。虚拟现实被看做更有效的注意力转移方式,并且可以作为药物止痛的替代或补充方式,然而,很多这个领域的研究仅仅涉及了很少一部分使用者(有时仅有一两个研究个体),并且大规模的调查研究的样本量也较少。

本章小结

- 健康心理学研究影响健康和幸福感的人类行为与条件。

- 每个人可能有不同的健康信念和疾病认知,这会影响他们在健康或疾病条件下的行为。更好地理解这些内容可以帮助健康心理学家和其他专业人士改善健康行为。

- 另一些常见的研究领域包括慢性疾病的治疗方式与效果,与医疗专家的沟通、筛查、老年化、压力、安慰剂和体验,以及管理疼痛等。

- 互联网或许可以作为疾病与创伤的应对策略。

- 患者可能会在线搜索医疗信息,有时是由于他们对医生和专业人士感到不满。然而网络信息来源的有效性值得商榷。

- 有很多关于网络自诊症的研究,尽管这个概念的定义存在很多争议,并且它并不属于DSM-5中规定的精神疾病。

- 社会支持可以产生积极的健康行为和结果。

- 很多因素会导致个体寻找网络社会支持,包括匿名性、不可见性、抑制、互惠性,以及知识共享。

- 个人信息的暴露存在风险，网络支持小组的用户应该在必要时保护自己的个人信息。

- 人们使用互联网的方式可能会影响健康。包括邮件信息过载，以及由于久坐引起的肥胖和心血管疾病。

- 有一些网络社群支持和鼓励了不健康的行为，如进食障碍。

- 科技也被用来增加幸福感，包括智能手机应用、移动设备干预和体感游戏等。这些应用也许需要进一步研究长期有效性，这些干预方式也需要与健康行为理论相结合。

- 虚拟现实可以为健康带来很多好处，包括作为工具治疗成瘾症或疼痛分散。

11 网络成瘾行为的心理学

马克 D. 格里菲斯（Mark D. Griffiths）
肯特诺丁汉大学

导论

当前，无论是成年人还是青少年，已经越来越多地在生活中利用科技进行休闲活动。与此同时，在媒体上，关于过度使用科技的报道也逐渐增加（如电子游戏、手机和互联网等）。尽管在媒体上似乎也有人支持科技成瘾行为的概念，然而在学术界，有许多人仍对此持有怀疑态度——特别是那些研究成瘾行为的人。尤其是，如果他们对成瘾的认知和定义与服用精神科药物相关联，那么科技成瘾的概念对他们而言就是难以理解的。尽管大部分人都认为成瘾是与药物有关的，但是，有人认为对许多不涉及药物摄入的行为——如赌博、计算机游戏、健身、性活动和上网等行为——也有可能成瘾。这种多样性引发了人们对成瘾行为的、新的、全方位的定义。

定义成瘾：科技成瘾是一种行为方面的成瘾

笔者一直认为，过度赌博和玩电子游戏成瘾行为，在成瘾的核心理念上，与酗酒或吸食海洛因没有什么区别。如果可以证明，嗜赌这样的行为是一种真正意义上的成瘾，那么，这种说法的一个先决条件是，在没有服用刺激性物质的情况下，任何可以提供持续奖励的行为（与化学物质成瘾相反的行为），都可能让人成瘾。在这个条件下，其他的过度行为（如上网和玩电子游戏等）在理论上也可能会演变为成瘾行为。

多年以来，人们一直认为，沉迷网络和电子游戏的人都具有病态心理。例如，早在1983年，索珀（Soper）和米勒（Miller）就提出了电子游戏成瘾的概念，这种行为跟其他成瘾行为一样，是一种带有强迫性质的行为，成瘾者会对其他活动失去兴趣，大部分时间都花在与其他成瘾者进行联系上，如果有人试图想要阻止这种行为，他们就会在身体上和精神上出现症状（如颤抖）。格里菲斯（Griffiths）和杨（Young）认为，沉迷网络的人也有类似的情况。这种成瘾被称为"科技成瘾"，在操作上被定义为非化学物质（行为方面）的成瘾。科技成瘾可能是被动的行为（如看电视），也可能是主动的行为（如玩电子游戏），这些活动通常具有诱导和强化的属性，可能会增加人们对科技成瘾的倾向。因此，科技成瘾被看做行为方面的成瘾症的一个子类别。由布朗（Brown）提出，格里菲斯修正的成瘾症的核心要素包括显著、情绪调节、耐受性、戒断症状、冲突和复发等，科技成瘾也具有这些要素。

对于科技成瘾和网络成瘾的研究是以3个基本问题为基础的。

网络成瘾行为的心理学

（1）何为成瘾？

（2）科技成瘾和网络成瘾真的存在吗？

（3）如果科技成瘾和网络成瘾真的存在，人们实际上是在沉迷于什么？

无论是对于研究成瘾行为的心理学家而言，还是对那些在其他学科领域工作的人来说，所要讨论的第一个问题都颇具争议性。多年来，成瘾行为的操作性定义为，任何一种具有所有成瘾的核心要素特征的行为。我的论点是，符合以上6个标准的任何行为（如玩电子游戏、社交和使用手机等）在操作上都可以被定义为是一种成瘾。因此，科技成瘾表现为下列几个方面。

显著：当某种科技（如玩电子游戏、上网和使用手机等）变成人们生活中最重要的活动，并控制了他们的思想（偏见和认知扭曲）、情感（渴望）和行为（社会化行为的恶化）时发生的。例如，即使实际上这个人并没有玩电子游戏，他还是会想下一次他玩游戏时会是什么样的。

情绪调节：是指人们报告的主观经验是他们从事所选择的科技行为的后果，并可以被视为一种应对策略（即他们会有一种"陶醉感"或一种"很嗨的感觉"，又或者自相矛盾的，有种"逃离"或"麻痹"的镇静感觉）。

耐受性：通过增加大量的从事科技行为的时间，从而实现情绪调节的过程。从根本上说，这意味着，对于沉迷网络或电子游戏的某些人来说，他们花费了大量的时间用在进行这样的行为上。

戒断症状：这些都是不愉快的情绪状态或生理反应，是当科技行为中断或突然减少时发生的（如颤抖、喜怒无常和烦躁等）。

冲突：科技使用者和他们周围的人之间的冲突（人与人之间的冲突），

与其他活动（工作、学业、社会生活、爱好和兴趣等）的冲突，或个人内在的冲突（内心冲突或主观感受失控），这些都与花费了太多的时间在如上网或玩电子游戏等活动上有关。

复发：人们会不断地恢复之前使用过的应用科技模式，并在刻意节制之后很快恢复。

科技成瘾和网络成瘾是存在的，但是这仅仅发生在极少数人身上。似乎也有许多人，他们虽然过度使用科技，但是通过这些（或任何其他的）标准衡量来看，并没有成瘾。当谈到在这一领域中的研究时，第3个问题或许就是最有趣而又最重要的了。当人们沉迷网络、手机或玩电子游戏时，他们到底对什么着迷？是沉迷于用来娱乐的互动媒体吗？还是对它们的独特的风格（如一种匿名的、去抑制的活动）着迷？还是迷恋特定类型的游戏（如暴力游戏、战略游戏等）？这致使研究这一领域的人们争论不已。针对网瘾的研究可能让人们更好地了解了其他的科技成瘾，如电子游戏成瘾、手机成瘾（反之亦然）等。例如，杨（Young）宣称，网瘾是一个广泛的术语，涵盖了各种各样的行为控制方面的问题，以及一时冲动而引发的问题。这可以分为下列5种类型。

（1）网络色情成瘾：为寻求虚拟性交和网络色情而沉迷于成人网站。

（2）网络人际关系成瘾：过分关心网络关系。

（3）网络强迫行为：着迷于线上赌博、网购或做投机生意等。

（4）信息收集成瘾：着迷于网上冲浪或查找并搜索信息。

（5）计算机成瘾：沉迷于玩计算机游戏（如"毁灭战士""神秘岛"和单人纸牌游戏等）。

许多过度使用网络的人并没有染上网瘾，而只是通过过度使用互联网来为其他的成瘾行为服务。简单来说，一个赌徒或者迷恋玩电子游戏的人是专注于他们所选择的线上行为，而并不是沉迷于互联网本身。互联网只是为他们提供了用来从事该项行为的场所而已。然而，与此相反，还有一些案例研究报道称，有人似乎是对互联网本身成瘾了。通常还有人（尤其是处于青春期后期的青少年）会使用网络聊天室或玩奇幻类角色扮演游戏——他们并不是对这些活动着迷，而是对互联网本身成瘾。在某种程度上，这些人是沉迷于基于文本的虚拟现实，他们扮演其他的社会角色并创建新的社会身份，从而让他们有一种良好的自我感觉。在这些情况下，互联网会让他们体验到另一种现实世界，允许他们匿名沉浸其中，从而让他们产生一种特殊的意识状态。这本身可能就是在心理或生理上得到的益处。对于那些玩网络游戏的人（理论上是指利用互联网玩电子游戏的人）而言，这些猜测显然为他们提供了对电子游戏潜在成瘾性的新的见解。

到目前为止，许多类型的过度或有问题的活动被概念化为科技成瘾或网络成瘾。这包括看电视成瘾、手机成瘾、玩电子游戏成瘾、网聊成瘾、社交成瘾、线上拍卖成瘾、网络色情成瘾，以及线上赌博成瘾等。由于受篇幅的约束，本章并没有概述所有这些不同类型的科技成瘾行为。因此，本章其余部分将简要概述针对这两种网络成瘾行为所进行的实证研究——网游成瘾行为和社交成瘾行为。

网络游戏成瘾概述

第一个商业化的电子游戏是在20世纪70年代初期发布的，直到80年代，在心理学和精神病学的文献中才首次出现了有关电子游戏成瘾的内容。然而，在某种程度上，这些研究通常是针对一种特定类型的特定媒体上的电子游戏的("付费的"街机游戏),主要采集的样本也只是针对十几岁的男性,运用观察、轶事写作和个案的方法展开研究。20世纪90年代,人们围绕英国学校中的青少年群体玩电子游戏成瘾的主题进行了研究,且这样的调查研究的数量呈小幅度,但却十分显著的增长。与80年代所进行的研究恰恰相反,这些研究主要针对非街机类型的电子游戏(家用游戏机游戏、掌上游戏机和计算机游戏等)。然而,这些研究都是自我报告型研究,规模相对较小,并且利用《精神疾病诊断与统计手册》第3版修订版(DSM-lll-R)或第4版(DSM-IV)中关于赌博成瘾的标准进行评估。虽然在赌博和电子游戏之间有许多明显的相似之处,但二者是不同的行为,而电子游戏相关行为的测评工具也已被开发。对改编后的DSM标准做进一步分析后,得出结论,这些工具更多的是评估对电子游戏的专注程度,而不是电子游戏成瘾。

21世纪,随着游戏推广到了新的网络媒体上,人们对电子游戏成瘾的研究明显增多了。在网上,游戏有时也可以以社区的形式呈现(如大型多人在线角色扮演游戏MMOR-PGs、"魔兽世界"和"无尽的任务")。根据一系列的系统性综述可知,在2000年到2010年间,约有60项有关游戏成瘾的研究公开发表,且其中绝大多数研究的是大型多人在线角色扮演游戏成瘾,但其研究对象并不仅限于男性青少年。此外,这些研究中有许多是在网上收集的数据,并且不少研究利用非自我报告的方法研究了电子游戏成瘾的其他方面的内容。其中包括利用多导睡眠监测系统及视觉和非文字性记忆测试,以及包括受访者病史在内的医学检查结果、影像学表现、病理结果、功能性磁共振成像和脑电图等进行的研究。

在总样本中,对电子游戏成瘾问题的预估范围从1.7%到8%~10%。在某些情况下该成瘾率还要高得多。这些研究还表明,在一般情况下,男性比女性更可能报告与他们的游戏有关的问题。金(King)等人的研究结果表明，评估方法上的差异在某种程度上解释了成瘾率的差异。他们还指出，一些研究并没有考虑亚临床（符合某些判定标准，但不符合所有的判定标准）的案例，也没有评估是否存在精神疾病。

从现实的角度，可以概括一些有关玩家和问题玩家的个人背景特征。文献表明，到目前为止，青年男性似乎更有可能体验有问题的电子游戏。然而，人们对这些问题形成的过程及其严重程度并不了解，上述结论也可能是取样偏差和"这个群体比其他社会人口群体更频繁地玩电子游戏"的事实造成的结果。这还表明，大学生可能尤其容易去开发有问题的电子游戏。这是因为他们有着灵活的学费制度和学习时间，能够一周全天候实时连接高速网络，以及面临适应新的社会义务或第一次离开家独自生活带来的多种压力等。

无论问题游戏是否可以归类为一种成瘾，现在相当多的研究都表明，过度地玩电子游戏会对少数人造成各种消极的心理后果。格里菲斯就对这些后果进行了总结，包括牺牲工作、学业、业余爱好、交际、陪伴伴侣或家人的时间，以及睡眠等，他们的压力开始增加，现实生活中的人际关系缺失，社会心理幸福感降低，孤独感上升，社会技能贫乏，学习成绩下降，注意力更加不集中，非文字性记忆力下降，容易产生不良的认知和自杀倾向等。这些潜在的社会心理后果清楚地表明，不管它是否是一种成瘾，过度地玩游戏都是一个问题。

一些研究已经对不同的人格因素、并发因素和生物因素发挥的作用，以及它们与游戏成瘾的关系进行了研究。在人格特质方面，游戏成瘾已被证实与神经过敏症、攻击和敌对、逃避型和精神分裂型的人际交往倾向、孤独和内向、社会抑制、无聊倾向、感觉寻求、宜人性降低、自我控制降低和自恋型人格特质、低自尊、焦虑状态、人格，以及低情商等有关。人们很难评估这些与游戏成瘾有关的因素在病因学上的意义，这是因为这些因素可能并不是该病症仅有的，因此还需要对此做进一步的研究。研究表明，游戏成瘾还与各种并存的疾病有关，如多动症、广泛焦虑症、恐慌症、抑郁症、社交恐惧症、恐校症，以及各种心理症状等。

生物研究通过使用核磁共振成像表明，游戏成瘾者在与物质相关的成瘾和其他行为（如病态赌博）方面的成瘾有关的大脑区域，表现出了类似的神经处理过程，并且其活性增强了。还有报道称，游戏成瘾者（像物质成瘾者一样）的多巴胺功能系统的两个特定的多态性（多巴胺 D2 受体的基因 Taq1A1 和儿茶酚氧位甲基转移酶基因 Val158Met）发病率较高，这表明，玩电子游戏成瘾对于一些玩家来说可能是遗传的。

作为长达 10 年的研究的结果，物质滥用障碍工作组（SUDWG）建议，DSM-5 在第 3 节中应包含"网络游戏障碍"（IGD）这一子类型。根据佩特里和欧布莱恩（Petry and O'Brien）的描述，网络游戏障碍是不会作为一个单独的精神障碍被纳入到 DSM 中去的，除非：①已经明确了网络游戏障碍定义的特点；②已经获得了多种文化背景下具体的网络游戏障碍标准的可靠性和有效性；③在世界各地具有代表性的流行病学样本中，已经确定了患病率；④已经评估了病因学和相关的生物学特性。

网络游戏障碍不会纳入 DSM-5 正文中的一个关键性的原因就是，在许多研究中，没有标准的判定标准来评估游戏成瘾。最近，金（King）、哈格斯玛（Haagsma）、德法布罗（Delfabbro）、格拉迪萨（Gradisar）和格里菲斯综述了用于评估游戏成瘾的工具，他报告称，已经开发了 18 种不同的筛选工具，而且这些工具已经用在 63 个定量研究中，共计 58415 位参与者。该综述确定了这些工具的优势与不足。这些工具的主要优势包括：①简洁并易于计分；②良好的心理测量学特性，如聚合效度和内部一致性；③数据可靠，这将有助于为青少年群体制定标准化的规范。然而，其主要不足之处包括：①各研究的核心成瘾指标是不一致的；②普遍缺乏时间维度；

③有关的临床诊断的水平线不一致；④评定者间信度和预测效度较低；⑤前后矛盾或维度不同。许多作者还指出，网络游戏障碍评估工具的标准在理论上是以各种不同的、潜在的问题行为为基础的，这些行为包括物质滥用、病态赌博或其他行为方面的成瘾标准。并且，研究设置也存在一些问题，诊断游戏成瘾的工具要求与那些用于流行病学、实验、神经生物学的研究背景下的工具比起来，可能有着不同的侧重点。

DSM-5 第 3 节中描述的网络游戏障碍似乎很受游戏成瘾领域的研究人员和临床医生的喜爱（以及那些通过寻求治疗体验到症状减轻的个人）。对于有关"物质滥用成瘾障碍"和"赌博障碍"的章节中描写的网络游戏障碍而言，游戏成瘾领域必须利用相同的评估手段进行统一，并开始研究，这样才可以在不同的人口群体和不同的文化背景下进行对比。针对流行病学的作用，克朗才（Koronczai）等人认为，最合适的可用于评估在线应用（包括网络游戏）的措施应符合 6 个要求：①简洁性（使调查尽可能短，并帮助克服问题疲劳感）；②综合性（要检查所有的网络游戏障碍核心方面的内容）；③在不同的年龄组中的可靠性和有效性（如青少年与成人），④在不同的数据收集方法上的可靠性和有效性（如在网上、面对面的访谈和纸笔方式）；⑤跨文化的有效性和可靠性；⑥临床验证。他们还指出，在特异性和敏感性方面，一种理想的评估工具应该作为适当的确定及格线的基础。为了能够符合所有这些要求，未来的研究应调整目前使用的评估工具以符合新认可的 DSM-5 标准，并付出更多的努力来采集并研究临床样本，而这恰恰是网络游戏研究的一个明显不足之处。

网络社交成瘾概述

社交网站（SNSs）是虚拟社区，用户可以在网站上创建个人的公共资料，与现实生活中的朋友进行互动，还可以与志趣相投的人会面。市场调查与实证研究表明，在过去的几年里，社交网站的使用率显著增长。社交网站主要用来进行社交活动，个人通常通过社交对自己在真实世界中的关系网进行维护。然而，最近有证据表明，人们会觉得自己不得不以一种可能的方式维护他们的线上社交网络，在某种程度上，这就导致了对社交网站的过度使用。

依据迄今为止相对稀少的文献的描述，社交网站似乎具体化了某些人的"典型的"成瘾症状，如情绪调节（使用社交网站会促使情绪状态向好的方向转变）、专注（使用社交网站时，行为、认知和情感的专注程度）、耐受性（使用社交网站的时间有所增加）、戒断症状（当社交网站的使用受到限制或停止使用后，就会出现不愉快的身体和情绪症状）、冲突（即由于使用了社交网站，人际关系和心理问题接踵而至），以及复发（即成瘾者在戒断期结束后迅速返回到过度使用社交网站的状态）。

人们普遍认为，成瘾问题的原因由生物因素、心理因素和社会因素共同构成，社交成瘾或许也是如此。由此可以看出，社交成瘾与其他的与物质相关的和行为方面的成瘾可能有着共同的成因框架。然而，由于对社交网站的参与与网络成瘾的描述有所不同（也就是仅仅考虑社交网站的病态使用，而非其他网络应用）。特别是当考虑到物质滥用和其他成瘾行为可能产生的不利影响时，这种现象就值得单独讨论了。

依据最近的一篇综述的描述，可以将针对社交成瘾进行的大约20项实证研究分为4类。

（1）社交成瘾的自我感知研究。

（2）利用社交量表进行的社交成瘾研究。

(3)社交成瘾和其他网络成瘾之间的关系的研究。

(4)社交成瘾和人际关系的研究。

该综述指出，所有研究采用的方法都有着各种各样的局限性。许多研究都试图对社交成瘾进行评估，然而，单纯对成瘾倾向的评估并不足以用来界定真正的病因。这是因为大部分的研究样本一般都比较小，并集中于特殊的、自行选择的、容易收集的个体，以年轻人和女性居多。这就导致了非常高的成瘾率（高达 34%），这是因为这些社会人口群体的成员更有可能是社交网络的用户。因此，实证研究需要确保他们正在评估的是成瘾问题，而不是过度使用。

对于许多研究者来说，Facebook 成瘾几乎已经成为社交成瘾的同义词。然而，Facebook 只是众多能够进行社交活动的网站中的一个。大多数已开发的量表专门研究了 Facebook 的过度使用，如《卑尔根 Facebook 成瘾量表》《Facebook 入侵调查问卷》等，更确切地说，沉迷于一个特定的商业公司的服务（Facebook），而不是所有的活动本身（网络社交活动）。这里真正要考虑的问题是，人们实际上是对什么着迷了？新的 Facebook 成瘾工具正在检测什么？

例如，Facebook 用户可以玩类似于开心农场一类的游戏，可以在德州扑克游戏上进行赌博，可以观看视频和电影，可以交换照片，不断更新他们的个人资料，或给朋友发短信告知他们的生活细节等。因此，"Facebook 成瘾"并不是"社交成瘾"的同义词——他们根本就是两个不同的概念，如今 Facebook 已经成为一个特定的网站，在网站上可以进行许多不同的线上活动，且该网站可以服务于带有不同目的的不同用户。这表明，该领域需要专业的心理测量对"社交成瘾"进行评估，而不是评估 Facebook 应用本身。在上述量表中，并没有提及社交活动，因此，该量表并不能说明沉迷于开心农场的用户或许会沉迷于不断发信息给 Facebook 上的朋友。

　　根据所使用的成瘾的定义,针对是否存在社交成瘾的问题是有争议的,然而,显然有新的证据表明,少数社交网站用户已经成瘾了——在他们身上出现的症状就像是过度使用后出现的症状一样。有些研究只认可少数可能的成瘾标准,而这些研究并不足以确定临床上显著的成瘾表现。在已发表的研究中,(到目前为止)通常同样没有评估有别于单纯滥用的成瘾所造成的严重损害和消极后果。因此,未来的研究通过应用更好的方法设计——包括更多有代表性的样本,使用更可靠和更有效的成瘾量表等——在处理新出现的社交成瘾现象上具有很大的潜力,从而弥补当前在经验性知识方面的差距。

本章小结

　　本章已证明,人们对有关科技与网络成瘾的研究兴趣越来越大。显然,对于"网络游戏成瘾与社交成瘾之间在临床上的差异"这一问题还需要做进一步的研究。从该研究可以看出,很明显,过度使用科技至少会让人成瘾。关于电子游戏,因为特殊类型的游戏会比其他类型的游戏更容易让人成瘾,所以就需要对电子游戏进行分类。另一个主要问题是,人们有许多不同的途径可以玩游戏,如掌上游戏机、个人计算机、家庭电子游戏机、街机游戏机、上网,以及在其他便携式设备(如手机、iPad)等。由于在那些能玩游戏的媒体上可能显著存在其他因素(如网络去抑制作用),这就致使那些媒体可能更让人着迷。因此,未来的研究就需要辨别通过不同媒体过度玩游戏的情况之间的不同之处。

　　此外,还要考虑不同年龄段的人群玩电子游戏或进行社交活动会产生相同的效果吗？玩电子游戏或进行社交活动明显会让小孩成瘾，但是这种作用（如果真的会产生这种作用的话）会随着他们慢慢长大而变弱，一旦他们成年后这种效果就微乎其微了。玩游戏的社会背景也是一个要考虑的问题，在任何情况下，组队玩或单打独斗，相互合作或彼此攻击，都会影响游戏潜在的成瘾性。这些都需要做进一步的实证研究。

过度地使用科技可能会对少数人造成潜在的破坏性影响，那些人会表现出强迫性行为或成瘾行为，他们会做一切可以"让他们过瘾的"事情。在研究中，这类研究对象将有助于确定游戏之所以让人成瘾的根源和原因，以及这种行为对家庭和学校生活所造成的影响。纵向地追踪并记录科技成瘾的特点，将有助于在临床上对这些问题案例进行说明。

毫无疑问，未来几年中，普通人群的科技使用量将继续上升，如果社交病态行为（包括电子游戏成瘾和社交成瘾）确实存在，那么这对于那些从事成瘾研究的人来说，理所当然会是一个有趣的、值得关注的荒蛮之地。直到有一个既定的文献出现，描述科技成瘾造成的心理、社会和生理上的影响，教育、预防、干预和治疗的方向才将会在限制范围内继续存在。

另外，需要辨别对网络成瘾和对网络上的活动成瘾之间的区别。如引言中所提到的，选择从事网上赌博的赌博成瘾者，和上网玩游戏的计算机游戏成瘾者都不属于网络成瘾——互联网只是他们选择的执行（成瘾的）行为的场所。这些人在网上体验成瘾的感觉。然而，人们还观察到，在互联网上从事的某些行为（如网络性交、网络追踪等）可能只是人们仅会在互联网上进行的行为，这是因为在网上，他们是匿名的，非面对面的，具有去抑制化的作用。

与之相反，必须承认，一些案例研究似乎报道了对网络本身成瘾的情况。其中大多数人利用的是互联网独有的功能，这些功能是其他任何媒体都不具有的，如聊天室或各种角色扮演游戏等。这些人都是沉迷于互联网本身。

  然而，尽管有这些差异，人们似乎还是得出了一些共同的结论，最明显的就是针对过度的科技使用所造成的消极后果（忽视工作和社会生活，以及人际关系不和谐、失控等），这些相关的报告与其他常见的成瘾行为报告是有可比性的。总的来说，在实证研究的基础上——基于笔者自己对成瘾的定义——的确存在科技成瘾。然而，它们到底有多普遍，仍然极具争议性。

12 互联网支持系统

尼尔·库尔森（Neil Coulson）
理查德·斯梅德利（Richard Smedley）
英国诺丁汉大学

导论

无论是在网上进行购物、使用网银、学习新事物、保持与家人和朋友的联系、玩游戏和听音乐等休闲活动，还是通过网络寻求与健康问题相关的帮助，互联网所发挥的作用都越来越重要。互联网上有着大量的、与健康有关的资源，人们已把互联网视为世界上最大的医学图书馆。在网上，不仅能访问大量与医疗健康相关的网站，还可以访问政府的医疗网站、专业机构组织、学术期刊、医学引文数据库、邮件列表、线上帮助社区，以及通过定向广告和广告邮件携带的医疗信息等。

最初，互联网上与健康相关的应用主要涉及 3 种类型的活动：搜索信息、参与线上帮助社区，以及与医疗保健专家进行互动。随着技术的发展，这些活动已经扩大到了更广的范围，包括购买药物、网络预约、候诊、访问医疗记录，以及利用如 Facebook 等社交网站了解家人和朋友的身体状况等。

本章将介绍线上帮助社区的使用情况，以及人们在需要帮助时选择这些社区的原因。这些社区的人气越来越旺，与它们自身的一些特点是息息相关的。此外，社交媒体飞速发展，就意味着无论是对于患有长期疾病问题的人来说，还是面临急性健康问题的人而言，都越来越有机会在网络上寻求帮助。因此，讨论参与线上帮助社区究竟给人们带来了好处还是风险十分重要。本章将探讨这两个问题。此外，本章通过借鉴文献中的几个实例及多种健康问题，还探讨了一些此类线上帮助社区成员经常讨论的话题。然而，在考虑到网络帮助对那些急需帮助的人起到的作用时，就不能忘记那些花费了大量时间来推动并支持这些讨论组活动的志愿者版主们。本章将介绍这些版主，探讨这个角色给他们带来的挑战，以及他们通过参与这一活动可能获得的利益。

什么是线上帮助社区？

线上帮助社区（又称为线上帮助群体或自助群体）是一种线上虚拟社区，主要关注与健康相关的问题。它提供了一种网络环境，个人借此可以与有着相同经历的人进行接触、互动和交流，从而提供帮助或建议。

绝大多数的线上帮助社区，都是为患有某种具体疾病的患者提供服务的，如糖尿病、听力衰退、帕金森病、复杂性局部疼痛综合征或肠易激综合征等。然而，也有许多线上帮助社区针对其他主题，包括帮助人们克服因亲人死亡带来的痛苦的丧亲社区；帮助抚养患有如自闭症等缺陷的儿童的家长社区；向那些运营儿童保育群体的，或为不能自理的老年人、生病的亲戚、朋友和邻居提供无偿帮助的护理人员的社区。

线上帮助社区可以利用多种技术手段，包括万维网论坛、Usenet 新闻网、邮件群发功能和聊天室等。如今网络论坛已成为线上帮助社区采用的最普遍的形式，它有许多优势，如便于访问、可以搜索之前发布的信息的结果，以及可直接使用表情符号等。

可以区分即时和非即时的线上帮助社区随着时间发展带来的区别。同步的社区提供了一个动态的环境，其涵盖的内容是即时更新的，时刻都在变化，从而让人们可以和其他登录进来的社区成员进行实时会话。这方面的实例有聊天室、即时信息和网络虚拟现实环境等。相反，异步的社区提供了一个更静态的环境，其内容的变化不太频繁。例如，在发布一个消息后，可能在几分钟甚至几天之后才收到回复。在异步的社区内进行实时对话是不可能的，但他们为人们提供了等到方便时才阅读信息的机会，并允许个人依据自己的时间来对此做出回应。这方面的实例包括论坛或电子公告板、电子邮件群发和 Usenet 新闻组等。

论坛往往都是信息链。由某个网友先发布一条消息，消息的内容可以是提一个问题，或描述某个体验，或讨论他们自己的经历。然后其他社区成员就针对这条消息贴出回复。而这些回复也可以被其他成员再次回复，从而构成从最初的帖子引发出来的一连串的信息。

为何人们要访问线上帮助社区？

线上帮助社区的特性

很多沟通功能促进了线上帮助社区的广泛流行。事实上，对于许多长期患病，或者面临其他问题或生活危机（如丧亲之痛）的人来说，他们实际上可能更倾向于传统的面对面的求助形式。面对面沟通不是即时的，而是根据时间情况进行的。因此，网络帮助之所以吸引人们的一个最明显的特征就是它的易获得性。网络帮助可以让人们每周7天、每天24小时都进行访问，而这与传统的在固定的时间、固定的地点、一周只见一次面，甚至很长时间才见一次面的面对面的帮助群体恰恰相反。因此，对那些想在这些时间内寻求帮助的人来说，网络帮助群体可以提供可行的且有用的途径，通过这种途径，人们可以获得他们所需的支持和帮助。此外，网络帮助可能对那些行动不便的人（如残疾人），或不方便与面对面的帮助群体见面（如照顾孩子、倒班等）的人特别有帮助，这是因为网络帮助不受时间、地理或空间障碍的限制。

由于网络帮助群体具有不同步的特征，这就使其具有了另外的一个功能，即社区成员可以以适合他们自己的频率从事并参与到网络帮助群体中。例如，一个新成员可能只是想简单地阅读社区里的消息，然后再决定是否要编写并发布帖子来供其他成员阅读。交流的异步特性同样意味着社区成员有更多时间，来仔细思考他们要说的内容。诚然，人们认为不同步的交流可以减少实时交流带来的压力，让交流者有更多的时间去组织他们的信息，然后再发布出去。

网络帮助能轻易地将地理位置不同的人联系起来，这个特征也使患者更容易找到和他们有着类似遭遇的人。对那些患有罕见疾病的人来说，这是特别有用的。因为他们几乎无法在附近找到患有相同疾病的患者。同时，由于他们病情各异，而线上帮助社区又可对参与者的健康问题提供各种观点、立场和经验，因此线上帮助社区很受欢迎。

线上帮助社区一般都允许成员匿名加入到社区中来。这对那些因自己的病而感到尴尬、羞愧或难以启齿的人来说是有帮助的。此外，它让人们在将自己的想法拿出来讨论和分享时，不用担心会产生负面影响或遭到别人拒绝。很多资料证明，相比面对面的交流，网络交流能够更自由地分享和讨论问题。事实上，这种**线上去抑制效应**与到网络社区中求助有着特别密切的关系。

社区成员选择线上帮助社区的动机

有一些研究探讨了人们之所以会选择线上帮助社区的原因，例如，库尔森（Coulson）对来自 35 个非即时线上帮助社区（网络论坛）的 249 名患者做了调查，这些网络社区旨在帮助那些患有炎症性肠道疾病的患者。这项研究揭露了患者选择线上帮助社区的各种原因和动机。人们一致认为，患者需要与其他患有相同疾病的人进行沟通，这一结论与其他关于在线帮助社区的研究结果类似。此外，很多受访者表示，他们之所以会做出这样的选择，是出于许多利他性的动机的（分享经验或提供支持），或者是希望获得建议、信息和情感方面的帮助。他们还有一些其他的原因，可能是他们的症状出现了变化，或者是出现了新的症状，或是他们希望更深入地了解某些医疗术语。

绝大多数研究最明显的共同结论就是患者需要去联系、去分享、去寻求帮助。抛开网络社区具体的焦点不谈，人们决定访问网络社区背后的原因相当一致，即求助。

不足之处

近年来，人们已经确定出了很多从互联网上获得社会帮助的不足之处，其中有些缺点似乎还是因为虚拟社区以计算机为媒介的性质。现在就来讨论其中最常见的一些问题。

访问要求

要想参与到线上帮助社区中去，必须得有一台计算机、平板电脑、智能手机，或其他能连接到互联网的设备。互联网使用数据显示，世界总人口中，只有34.3%是互联网用户。所以只有少数人是这些线上帮助社区的潜在用户。在像英国这样的互联网使用率较高的国家，互联网用户分类显示，仍有大量人口可归类为不使用或偶尔使用互联网的人群。这再次表明，可能只有少数人会使用这些社区。此外，知道如何使用计算机、了解线上帮助社区使用的语言，以及有足够的文化在社区上阅读和编辑信息也是必不可少的。尽管线上帮助社区的潜在用户遍布全球，但上面这些障碍可能意味着，世界人口中可能只有一小部分人会使用这些网络社区。

消耗时间

有些线上帮助社区有大量的活跃成员，其中大量的成员每天都在阅读和发布回复。这就产生了大量的消息。对于个人来说，阅读和撰写回复很耗费时间。有时候，拥有家庭、工作或其他任务的人会觉得，很难抽出时间来阅读社区里所有的信息。此外，类似帕金森综合征这样的病，会使成员因为其症状的原因，很难积极参与到线上帮助社区中去。这可能会导致成员突然消失，或经过长时间的等待才会收到回复。面对铺天盖地的帖子，社区成员可能会只对简单的信息进行回复，或只做出一些简单的回复，又或者干脆直接不发表任何意见。

缺乏社交暗示或面对面的接触

在线上帮助社区中无法提供社交暗示，如面部表情、身体语言和语气等，而这有时就会带来困难如造成误解或错误的猜想。社区成员经常在他们发生的信息中使用笑脸表情符号或过多的标点符号,来替代这种缺失的社交暗示。

互联网缺乏身体上的接触,这就致使人们与其他社区成员无法建立有意义的面对面的关系,也无法做出亲昵的行为,如抚摸、牵手或拥抱对方。有些社区成员表示,有时他们从网上下线回到现实世界中后,会感到有些孤独。

反社会行为

虽然一些线上帮助社区是"封闭"的,并且有会员要求限制哪些人可以加入,但还是有许多社区是"开放"的,允许任何人进来阅读帖子,或匿名登录进行回复。这样就可能引起某些反社会行为,包括对他人进行骚扰,或做出一些扰乱社区的行为。害怕收到攻击性的或让人不适的回复也是某些社区成员潜水的一个原因,这些人只阅读帖子,而不发表任何回复。尽管存在这些问题,但研究表明,发布到线上帮助社区的信息大部分都是积极的,消极的或带辱骂性质的消息还是比较少见的。

误导性建议

有些线上帮助社区成员曾表示,互联网相对匿名的特征让他们难以判断信息的准确性和可靠性。例如,有些信息的发布者可能根本不是患者,而是骗子。这些骗子会假装成患者来分享他们的治疗经历,而他们真正的身份也许是医药公司的员工,或推销某种治疗方法的其他组织。

当有社区成员回复帖子提供信息或建议时,通常会有其他成员跟帖,分享他们自己的意见。这些回复可能会帮助人们判断这条信息的可信度。在活跃度低的社区,包含错误或误导信息的帖子更为常见。但整体来看,有误导信息的帖子还是比较少的。如果有，也经常会被版主或其他成员纠正。因此，并不需要过于担心可能会接触到危险信息。

参与线上帮助社区

大多数人通常通过3种方式来发现线上帮助社区。

（1）在互联网上寻找健康信息时偶然发现。

（2）从患者群体或家人那里听说。

（3）线上帮助社区的活跃成员直接推荐。

人们加入线上帮助社区有各种原因，比如希望借此获得或提供社会帮助（38.2%），获取信息或与他人分享心得体会（38.2%），或仅为了交友（17.1%）。其他的原因则可以从成为社区成员后所得到的好处反映出来，如能随时获取想要的帮助、减轻孤独感，以及把社区当成一种工具，用来讨论病痛的解决办法以获得身心慰藉。

目前已有少数人针对使用线上帮助社区的人群展开了调查。调查显示，使用线上帮助社区的人群，基本上类似于利用互联网实现其他健康目标的人群。线上帮助社区的使用情况与更好的教育程度、更高的收入、使用免费的或替代疗法，以及有着不良的健康状况有直接关系。患有某些疾病，如抑郁或焦虑、中风、糖尿病、癌症或关节炎的人，更倾向于使用线上帮助社区。而且，对于患有罕见的、令人感到羞耻的、需要被社会隔离的疾病的患者，更加愿意使用线上帮助社区，因为这些疾病很难在现实中从本地社区获得帮助。调查显示，54%的线上帮助社区用户从未用过面对面的帮助，这说明，人们通过网络获得的帮助在现实中是不可能或很难获得的。

互联网支持系统

使用线上帮助社区也存在一些障碍，包括难以找到一个适合自己的组织、需要在网上写出并讨论健康问题，以及需要长时间坐在计算机面前等。

遗憾的是，如同"数字鸿沟"的研究，社会人口统计数据也许无法准确揭示有关哪些人使用在线帮助社区这一问题的全貌。有研究表明，互联网用户可分为几种不同的类型，这定性地反映出了人们使用互联网的不同模式。然而，并不清楚不同类型的互联网用户是如何参与线上帮助社区的。寻求帮助（为实现以目标为导向的任务而适度使用互联网，如网上银行）或深入访问互联网的用户（以寻求帮助为方向的目的，而不进行休闲活动的访问），比偶尔访问网络或寻求娱乐的用户更有可能加入线上帮助社区。并且，不同类型的互联网用户，可能会以不同的方式使用线上帮助社区，之后成为社区成员，从而获得不同的利益。未来的研究可以对线上帮助社区的用户做一个分类，以反映出用户不同的使用模式，这就类似于将用户分为互联网用户和社交网站用户一样。

随着年龄的增长，慢性疾病越来越流行，据估计，29.4%的人群患有某种慢性疾病。研究表明，尽管线上帮助社区有很多潜在的优势，但是普通人群和患有慢性疾病的人群都很少使用线上帮助社区。一项研究报告表明，普通人群中只有1.5%曾使用线上帮助社区来解决健康相关的问题，相比之下，这类人中使用面对面帮助的比例高达12.5%，同时，只有1.8%的慢性疾病患者曾使用线上帮助社区，而他们当中使用面对面的帮助的比例为15.2%。另一项研究同样得到了类似的结果，研究表明，只有4.4%的乳腺癌、关节炎和纤维肌痛患者曾使用过线上帮助社区，而他们中却有5.3%的人曾选择向面对面的帮助组织寻求帮助。

人们还不太清楚，为什么现今社会慢性疾病如此普遍，但使用线上帮助社区的人仍然很少。然而，一项研究调查了为什么有些人不使用某些流行的社交网站（如Facebook），从这一结果中也许可以窥知一二。一项研究发现，青少年群体中某些人不使用 Facebook 的主要原因有：缺乏动机（他们不喜欢或不明白为何要用它）、没那么多时间（这些网站都太费时间，会妨碍其他活动）、更喜欢做其他事（如阅读或看电视）、网络安全问题（不想遭受网络欺凌或不想自己的照片在网上被识别出来），以及不喜欢在线上进行自我展现（不想被他人评论或不想有太多的朋友）。这么做的次要原因有：上网条件受限（家里没有网络）、父母担忧（父母认为这不安全），以及受朋友的影响（他们的朋友也不使用）等。另一项研究表明，不使用 Facebook 的用户相对更年长，社交活动不活跃，多为性格较为害羞或孤独的人群。

像 Facebook 这样的社交网站，有时会被用来讨论与健康有关的问题。但研究表明只有 15.2% 的互联网用户会将健康信息放到社交网站上，而有 31.6% 的用户更多的是将这些网站作为获取信息的来源。大部分人不使用线上帮助社区的原因仍不明确。人们针对线上帮助社区的使用率如此低的原因，以及对不使用社交网站的任何解释，仍需做进一步研究。

此外，几乎还没有人针对线上帮助社区进行纵向研究。线上帮助社区初步发布之后会发生什么？它们是如何建立的？帮助机制随着时间推移是如何发展并进化的？人们对此尚了解甚少。很显然，针对这些问题仍需要做更多的纵向研究才能得到解答。

人们都在讨论些什么？

已有多项研究针对社区成员在线上帮助社区中讨论的话题进行了调查。其中，有些研究概述所讨论话题的大的范围，而另一些研究则从专题分析的角度探讨了反复出现的话题，并深入地研究了在这些社区内出现的具体的健康相关问题。

费恩（Finn）曾对线上帮助社区中有关生理和心理疾病的信息进行了研究和分类，研究发现，在社区所讨论的话题中，有38.2%围绕的是健康问题；28.4%围绕的是人际关系；还有一些话题与主题无关，包括22.3%关于宠物和娱乐；7.8%的话题围绕法律问题，3.4%的话题围绕政治问题。拉文特（Ravert）、汉考克（Hancock）和因格索（Ingersoll）对I型糖尿病社区内青少年常问的话题进行了研究，并确定出了6种常见的话题主题。其中，第1种是"人生任务"。他们问的都是与正常的青少年发育有关的问题，如人际关系、如何适应社会、如何去上大学，以及如何变得更加独立等。第2种是"社会帮助"，包括以各种各样的方式寻求帮助的信息，如希望与曾有同样经历的人交谈。第3种是"医疗保健"，他们想知道他们能够获得的医疗保健的情况。针对这一话题的常见问题包括想知道他们是否应该寻求第2种建议，对医生的知识水平或能力提出质疑，以及咨询健康保险的相关事宜等。第4种是"真实的信息"，包括直接咨询与医疗保健职业有关的问题。这方面的例子包括询问如何应对类似低血糖症的症状，关于药物和其他有关他们的治疗方案的问题，以及患有糖尿病是否会对旅行造成影响等问题。第5种是"病情管理"，在这类话题里，人们会咨询如何才能有效控制他们的糖尿病，如提供血糖数，询问别人他们应该做什么。第6种是"心理问题"，这与情绪、态度和精神状态有关，这样的话题不仅涉及糖尿病，还涵盖了其他话题，如饮食失调等。虽然一些成员表达出了强烈的挫折感，但是总体来看，这些信息还是有帮助的，贴出的帖子仍然侧重于应对疾病的方案和疾病管理。

罗德汉姆（Rodham）等人曾对成年人在复杂性局部疼痛综合征（CRPS）社区里提问的话题进行了研究，并确定了4种主题。第1种主题是"关注积极的事物"，人们会鼓励患有这类病的其他成员集中精力做他们力所能及的事情，而放弃无能为力的事情。每个人都分享他们的目标和收获，交流积极的经验，并强调由于这种疾病带来了如此多的不便，以至于那些看似微不足道的成绩实际上都是重大的胜利。第2种主题是"发泄"，成员们在这里交流他们在面对日常生活中的困难时所遭受的挫折。网络社区提供了一个安全的环境，成员们可以在此表达自己对复杂性局部疼痛综合征（CRPS）的真实感受，而不必一直寻找让他人满意的借口来表述他们正在与这种病做斗争。他们描述了复杂性局部疼痛综合征（CRPS）对他们的生活造成的影响，讨论了由于朋友和同事对这种病的不理解而让自己感到很失望，以及这种病给他们带来的种种不便。第3种主题是"帮助"，成员们认为，帮助他人和向他人求助都很重要。人们看到别人发泄的内容后，会表达同情，或提出实用的建议，或经常用幽默或讽刺的口吻来表达自己的感情。在网络社区中，人们分享对他人有帮助的意见，展示他们取得的进步，同时获得自豪的感觉。第4种主题是"医院治疗"，这些话题表明医院治疗与疾病得以治愈的希望有着很密切的关系。成员们会因担心医院是否会让他们转诊而焦虑，他们对医院将会治愈他们抱以异常强烈的希望，然而，医院却仅仅帮助他们学到了如何应对疾病，这让他们失望至极，所以他们还是不得不去应对这令人失望的现实。

阿塔德（Attard）和库尔森（Coulson）曾对某个帕金森病社区里的成年人提出的问题进行了研究，并确定了6个主题，其中3个是积极的，而另外3个则是消极的。第1个积极主题是"我们彼此倾诉的难题是什么？"。通过这些内容，人们就能从社区中获取宝贵的帮助和建议。在遇到情感困扰时，人们认为它就是一条生命线，在这里，他们可以向关心自己的人、帮他们抗争病魔的人倾诉感激之情。在社区中，他们还可以分享有关自己的症状、药物和治疗经历的信息，这就让他们获得了有关很多问题的丰富的知识。第2个积极主题是"欢迎来到病友之家"，在社区里，成员们会因意识到自己并非在独自前行而感到安慰。高度的同情和深切的理解就意味着患者不需要做过多解释，别人就能了解他们的经历，而且这也有助于创造一个安全的环境，人们可以在此讨论某些敏感话题。这也使社区成员之间很容易就能成为朋友。第3个积极主题是"阳光总在风雨后"，成员之间互相鼓励对方，在生活中保持积极的心态。他们强调不能让疾病主宰他们的生活，要有较强的适应力，以尽可能地使生活过得美满，并用幽默化解消极情绪。第1个消极主题是"帖子墓地"，人们会因为自己在这里发表的帖子没有得到回复而焦虑。有时候，成员们会讲述帕金森症状是如何使他们无法参与到讨论中来的，而有些消息要经过几个月才收到一个回复。有些人会因为社区中缺乏个人信息而感到很失望，因为这使他们很难认识患其他病的成员。第2个消极主题是"发生变动和远离计算机进行休息的时间"。这里，有些成员有时会毫无征兆地就离开了社区。其他成员则很难接收这些突然的、意想不到的分离，他们在现实生活中仍然会感到孤独，他们因此发现，他们很难适应社区里出现的变化。第3个消极主题是"我错过了什么吗？"以文字为主要交流形式的网络社区，有时会导致误解。对其他成员进行错误的揣测会产生尴尬，有时有些消息看起来比实际上更负面。社区成员之间存在着各种各样的分歧，这有时可能会对整个社区产生负面影响。

马里克和库尔森研究了不孕不育社区里男人们提出的问题，并确定了5个主题。第1个主题是"帮助我挚爱的伴侣是我义不容辞的责任"。社区成员认为，他们在不孕不育症治疗中所能起到的关键作用就是始终帮助他们的伴侣，并希望成为另一半的坚强后盾。这让一些男士感到压抑，而网络社区则可以作为发泄他们情绪的重要场所。男人经常描述自己以往曾感到无助的经历，然后其他成员会给他们安慰和鼓励。社区成员会借鉴自己的亲身经历，针对能采用的最好的方式给出建议，从而对妻子们起到帮助作用。第2个主题是"这种痛苦是好的还是坏的？"在这里，成员们可以讨论有关生育治疗的医疗问题。男士们会发现很难区分有些症状到底是由生育治疗引起的，还是其他无关症状引起的。因此，社区就成了一个重要的信息来源之地，让人们获得了从专业人士那里无法获得的有关医疗保健方面的信息。第3个主题是"在大部分人眼里，男人们只是看客"。在这里，人们会描述他们在不孕症治疗过程中遭到忽视、不被重视时的感受，以及抱怨医护人员并没有意识到不孕不育症既会影响女性，也会影响男性。男人们会因家人和朋友们对自己在生育治疗过程中的遭遇表示不理解而更加难受。这使得社区成为男人发泄和表达感情的重要场所，在这里，他们不用担心会引起任何人不愉快。第4个主题是"有时需要从男人的角度看待问题"。男人们强调，能够与有着类似遭遇和情感的人进行互动是很重要的。社区成员在分享自己的第一手经验的同时，能够从男人的视角提供信息和情感上的帮助。第5个主题是"我希望有个好的结果"，这里是人们用来讨论自己的希望、愿望，以及对生育治疗结果的担忧的重要场所。男人们的情绪往往很混乱且很矛盾，他们渴望自己被治愈，又担心治疗失败。为了不迷失在乐观的感觉中，男人们会抑制自己不过多地往好的方面想，这样，即使真的治疗失败了，也没那么痛苦。

从这些研究中出现了一些广泛的、反复出现的话题，列举如下：

（1）社区成员很重视跟能够理解自己、与自己有过同样遭遇的人进行交流。

（2）这些话题展示了，在一个可以发泄和表达他们的真实感情而不用担心伤害他人和伤害到人际关系的安全环境里，人们是如何获益匪浅的。

（3）这些话题突出了由误诊及关于疾病如何影响患者的误解给成员带来的挫折感。

（4）在这些社区内共享的信息、社会帮助和建议，对成员有比较深刻的影响，可以帮助他们减轻孤独感，制定更有效的应对措施，从而克服每一种疾病所带来的特有问题。

线上帮助社区潜在的治疗作用

参与线上帮助社区,可以使人们在现实世界中获得诸多益处:可以帮助患者缓解与伴侣或家人之间的紧张关系。要知道,若非有线上帮助社区,这些患者基本上就只能依靠自己的伴侣或家人了;线上社区可以帮助患者了解到并不是只有他一人患上了这种疾病,从而减轻其孤独感;此外,还可以作为信息和赋能的来源。赋能一词是指具有了力量或控制感。个人的赋能可以直接从个人利益中产生,团体的赋能是从共享知识的过程中相互受益而产生的,而社区获得赋能则是从团体所开展的社会和政治活动中产生的。线上帮助社区可以通过很多过程使社区赋能猛增,如共享信息、获取情感上的帮助、寻找认同感并得到理解、分享经验,以及帮助他人等。通过给予成员帮助,让他们了解更多关于自己病痛的知识,使他们能够做出更好的决定;让他们在与专业医护人员交流时更加自信,从而更加容易接受治疗指导,并且在咨询和讨论治疗方案时更加顺心;更加易于接纳他们患病的事实,更自信地将他们的疾病与身边的亲人朋友相互倾诉;听了他人的积极经验之后,对未来更加乐观;提高他们的自我评价,以及通过社交来接触更多人,降低孤独感,提高社会福利。

人们从线上帮助社区中获益的方式可能会受他们现实生活中的人际关系的影响。他们与家人和亲密朋友之间的关系一般是更紧密的,而与同事或其他线上帮助社区成员的关系一般就比较薄弱了。因为种种原因而没有社会关系的人(如无社交网络、社交网络不正常,以及因为所患疾病罕见、隐晦而很难得到帮助),可以从网络社区会员身份所带来的较弱人际关系中获得帮助。然而,网络帮助还有一个优势,就是可以作为其他帮助来源的一个补充。人际关系很好的人可以从线上帮助社区获得更多的好处，并且如果其家人或朋友也一起参与到了网络帮助的组织中，那就可能会给别人带来更多的帮助。这有助于将他们的线上帮助网络与现实世界中的帮助网络相互融合。

参与层面

人们认为线上帮助社区中存在两种主要的互动方式："活跃的"和"潜水的"。活跃的参与者在阅读了社区其他成员发布的消息后，会发布自己的回复进行讨论，提供帮助并与其他成员分享知识和经验。与之相反，潜水则是一种不互动的行为。潜水的会员只浏览消息而不发表答复。潜水有时会带有消极的意味，因为它表示这种成员只会搭便车，从别人的贡献中受益，而从不贡献自己的东西。然而研究表明，86.8%的潜水成员一开始是满怀好意地想在网络社区做自己的贡献的，但结果却发现，由于种种复杂的原因，他们不得不迫使自己不再参与回复，包括感觉没必要回复、想在发布信息前先做更多了解、觉得他们没有什么东西值得拿出来分享、因技术原因（软件出问题）不能回复、因为他们觉得害羞而不回复、担心收到太过偏激的回复，或者考虑该如何对待新成员的问题等。

潜水成员占据了网络社区成员的大多数。虽然潜水可能让人们很好地获得信息或远离压力，而不需要在社区里暴露自己，但研究显示，在社区里活跃地贡献自己意见的成员，能从社区中获得更多的利益。有两种理论可以解释为什么积极参与很重要。首先，主动发布消息能让成员容易找到交流的人，并缩短获取信息和帮助的过程，进而帮助他们解决问题。其次，编辑消息这一行为本身就有可能有助于应对疾病。因为编辑消息时，成员要把他们的遭遇梳理成便于理解的方式，这可能使他们对所面临的问题有更清晰的认识，或能想出更好的应对办法。研究表明，潜水成员一般比活跃成员年龄要大，他们花在线上帮助社区的时间更少，他们获得的社会帮助和有用信息也更少。

根据伯内特（Burnett）和伯尼西（Bonnici）的研究，成员在网络社区中的行为受显性和隐性规范的共同影响。社区规范规定的态度和行为被认为对于网络社区成员来说是可以接受的，而且不同社区之间的规则可能不同。显性规范是指那些用正规文件描述的规则，如用于解释社区和成员行为准则的常见问题手册（FAQ）。隐性规范则没有正式的书面概述，只能通过观察社区成员之间的日常互动过程来了解。新加入的成员有时会被建议先潜水一段时间，再活跃地主动参与话题，以便学到社区里的隐性规范，从而避免触犯隐性规范而被惩罚或驱逐。在这个过程中，社区核心成员发挥了重要的作用，因为正是他们加强并巩固了社区规范。

帮助自己去帮助别人：线上帮助社区版主们的例子

与网络社区成员相比，关于**社区版主**的研究则明显少得多了。在网络社区的活动和动态中，版主发挥着很关键的作用。但关于做版主的动机，和他们从这种工作中能取得什么收获，却很少听他们提及。同样，承担这样的角色可能会有负面影响，这些都还没有得到充分辨别和探讨。然而，这方面的工作也正慢慢开展起来，在伍登·卡内特（Uden Kraanet）等人早期的研究中，定性地研究了23位荷兰患者（版主）的遭遇，他们主持着三大类的线上帮助社区（乳腺癌、纤维肌痛和关节炎）。这项研究表明，版主们开展线上帮助社区是有一系列内在的和利他动机的。此后，库尔森和肖（Shaw）继续探索并研究了社区版主的经历。他们的研究涵盖了更为广泛的健康问题，这也说明了支撑成立社区这一决定的一些动机。例如，一些版主描述了他们自己的诊断结论，以及分享他们自己的想法所造成的影响，并把这些经历当成了成立网络社区的催化剂。这样做，就有助于证实他们的经历和感受，并且通过帮助他人，让他们感到整个人充满能量。大体上看，版主觉得网络社区就像一个"公共大脑"，社区成员可以在此找到信息和建议。虽然他们谈及了网络帮助积极美好的方面，但是线上帮助社区也可能有潜在的缺点，特别是一些成员会对社区产生过度依赖。版主还分享了他们管理线上帮助社区时遇到的一些挑战和经验，他们认为，这些东西与成功地维护网站动态和共享空间有很大关系。例如，清晰的参与规则、信任、组织能力、同情心和善良，都被认为是帮助版主发展社区的重要因素。

未来的发展方向

互联网对人民大众打开大门已有 25 年时间了。自那时起，人们就看到了与健康相关的网络资源呈爆炸式增长。不可否认，随着技术的不断进步，不断开发并推出新的功能（Web 2.0），网络帮助的性质发生了很大改变。因此，对于线上帮助社区的工作原理，以及如何理解和掌握它对健康疾病的影响，研究人员面临着许多挑战。此外，这些挑战都面临着广泛的学科领域，且各个学科都有遗留问题。也就是说，网络帮助跨越了多个潜在的学科，今后的一个主要挑战就是将各个领域的专家结合起来，共同开展研究。在笔者看来，多学科联合研究是此项研究的关键。只有通过这样的努力，才可以对网络帮助进行综合考虑。因此，对于计算机科学家、健康心理学家、语言分析专家，以及许多其他潜在的相关学科专家来说，真正的挑战在于携手合作，对线上帮助社区的过程、影响和效果进行彻底的联合研究。

本章小结

在本章中，已经从不同角度对网络帮助进行了研究，并概述了研究中的几个关键点。得出的整体结论是，在这一领域还有很多工作要做，然而，目前要面对下列几个问题。

● 并不是所有寻找健康帮助的行为都发生在同一种互联网形式上，具体采用哪种形式，会因信息同步程度、讨论话题类型和疾病种类的不同而不同。

● 有很多特点使得在网络上寻求信息要优于求助线下帮助组织，包括可以全天候在网上寻求帮助。

● 在网上寻求帮助会面临很多障碍，包括反社会行为的干扰或收到错误的建议。

● 多篇论文讲述了由人们在线上寻求帮助的原因所引发的话题。

● 在网上搜索有关在线治疗作用的信息为未来的实证研究提供了一些观点。

13 在线咨询与治疗

梅兰妮·阮尹（Melanie Nguyen）

澳大利亚悉尼大学

导论

如果你是一名刚进入大学的学生，应该能够体会到世界正在被互联网链接。互联网可以让人很快地搜索任何主题的信息，包括心理现象；观看以前只能够在剧院看到的视频；并且可以随时随地与任何人进行沟通。在这个背景下，健康专业人士也开始在网络上提供服务。

网络咨询可以由具有资质的咨询机构直接提供或进行指导。无论哪种方式，都涉及"自我"概念的改变，以及对传统咨询方法的改变。本章将研究不同类别的网络心理服务，网络咨询中来访者和咨询师的特点，以及网络咨询的挑战与利益。将综述关于网络咨询效果与积极咨询关系的文献，并讨论使用网络媒介进行咨询时自我表露方式的改变。本章将探索网络上"我是谁"，这个网络自我在咨询中如何沟通，以及还存在哪些问题。

网络心理干预

科技对 21 世纪的生活和沟通方式产生了巨大的影响。例如，Facebook 有超过 5 亿的用户，"百度"成为一个动词，以及教育、工作和健康领域常用电子邮件沟通等。

健康消费者经常使用互联网搜索心理健康方面的信息和支持项目。网络上拥有很多不同形式的心理干预服务，如远程心理教育，网络支持与治疗小组，以及网络咨询与自我疗愈等。这一领域的发展催生了很多新的名词，然而没有达成一致。部分原因是网络咨询缺乏领导和监管，并且咨询媒介也有所不同（如计算机、笔记本和手机等）。

巴拉克（Barak）、克莱恩（Klein）和普劳德夫特（Proudfoot）总结了 4 类网络干预的方式。

（1）基于互联网的干预。

（2）网络咨询与治疗。

（3）网络治疗软件。

（4）其他在线活动。

基于互联网的干预通常会提供健康活动或信息。其目标在于改变用户对心理健康的理解、知识和意识。根据这个定义，**基于网络的干预**方式可以细化为以下几点。

（1）基于网络的教育干预。

（2）自我指导的网络治疗干预。

（3）他人支持下的治疗干预。

基于网络的教育干预通常是利用静态网站发布一些关于心理健康的信息，不需要与用户进行互动。然而，自我指导和他人支持的网络治疗都需要互动，并涉及不同治疗模式下的治疗内容与结构。它的目标是引导认知或行为的改变。核心差异在于是否干预需要人为的支持。自我指导的网络治疗基本上由一些特定的模块组成，用户可以自行使用，如 MoodGym。他人支持下的治疗需要人为参与，包括心理治疗师发送邮件，以及参与在线讨论等。

在线咨询是由专业人士通过网络为来访者提供咨询服务，包括使用邮件、即时通信软件和网络视频咨询。其目的是利用电子设备实现一对一的心理干预，来促进积极的认知或行为改变。

网络治疗软件则是通过机器模拟的系统、游戏或 3D 视觉环境来进行回应，很少有真人进行干预，完全依靠系统自动回复。机器模拟始于 Eliza，这是 1966 年的设备，可以通过识别输入文本中的关键词来进行回应。后来，一些虚拟环境，如"第二生命"（secondlife.com），也被用来治疗焦虑和恐惧症。

最后，其他的网络活动，如博客、社交网站和讨论组等，允许用户分享个人的体验并获得同伴支持。社交网站丰富的用户催生了健康类社交网站的建立。因此，有不同健康需求的用户（无论是身体还是心理）可以通过分享故事和资源互相支持。很多研究关注这些网站的效果，内容包括网络测评，如 K-10（关于焦虑与抑郁的测评）。

在线咨询与治疗

以上提到的干预方式中,网络咨询与治疗最能展现出通过网络寻求自我帮助的情境。网络心理干预中的"自我"最能通过讨论咨询关系来理解。因此在本章中,电子治疗、网络治疗和网络咨询都被看做专业人士通过互联网为来访者提供心理帮助的方式。这里着重讨论这方面的内容。

网络治疗的效果

网络治疗是心理专业人士为来访者提供结构化的在线咨询或治疗活动。这类治疗的效果通常由独立的研究项目来进行评估。关于现有的网络干预效果,巴拉克、韩(Hen)、鲍尼尔-尼斯(Boniel-Nissim)和沙皮亚(Shapira)对 2006 年以前的研究结果进行了元分析。总体来说,他们发现,与自我帮助和网络咨询相比,网络治疗干预在症状改善方面有中等程度的效果。也就是说,基于互联网的治疗干预在产生积极健康改变方面有一定的效果。并且,元分析指出了很多缓和因素,包括来访者所呈现出的不同问题。

网络治疗干预的设计可以用来解决很多症状和问题。包括身体上(如肥胖)和心理上(如焦虑和抑郁)。研究结果表明,电子治疗对心理问题的治疗更加有效。如果不考虑生理改变的治疗目标,网络干预的有效性则非常高。因此,这说明或许某些问题更适合通过网络进行治疗。效果最好的是创伤后应激障碍(PTSD)的治疗。

网络咨询中应用最普遍的方法是认知行为疗法(CBT),然后是心理教育和行为策略。巴拉克等人发现,CBT 在网络咨询中的有效性最高,最低的是行为策略。这也说明了网络环境更适合改变心理状态而非身体症状。

一种假设认为,当咨询师或心理专业人士出现时,网络干预的效果更好。也就是说自我帮助的干预模式效果不如一对一咨询。元分析表明这两种干预方式的效果没有明显的差异。关键问题在于干预方式是否是互动的。静态网站的影响效果远小于互动式干预。一个混淆因素是，互动模式大多围绕 CBT 结构进行，而静态网站上的内容是心理教育。因此，需要进一步研究。

最近的研究对比了面对面咨询与线上咨询在青少年焦虑和抑郁情绪缓解方面的效果。赛蒂（Sethi）等人将被试随机分到了 4 个小组中：面对面治疗组、治疗师支持的网络认知行为治疗组、线上线下结合干预组和控制组。结果表明，线上线下结合干预组在缓解焦虑和抑郁方面效果最佳。这说明，网络心理干预对面对面治疗有辅助效果。

对于网络咨询这一特定形式，巴拉克发现在即时性方面并没有显著的影响。有趣的是，通过音频进行治疗的效果很好，即时通信和电子邮件治疗效果与其相近；效果较差的是视频和论坛治疗。人们并不清楚为何音频治疗效果要优于视频，以及视频和论坛之间的相似性。研究者指出，关于同步性和沟通媒介的研究样本较小。或许更多大范围的研究可以进一步解释这个问题。

总而言之，网络心理干预对治疗效果有显著的积极影响。元分析发现，治疗结果在治疗结束后一个月到一年之间没有显著的统计学差异。因此，在线干预治疗结果能够得到很好地保持。

根据研究结果，网络心理干预对心理健康十分有效。需要思考的是，当治疗关系从线下转移到线上时，来访者与临床咨询师的关系是否会发生变化？是否线上治疗的咨访关系仍然与线下治疗相同呢？

13
在线咨询与治疗

网络咨询来访者的特点

理解网络咨询关系的关键是了解来访者。很少有研究关注网络咨询的来访者的特点（并与面对面咨询来访者进行对比）。然而，目前的研究发现了网络咨询的大致情况。网络咨询客户中，年龄在20～24岁的白人女性占80%～85%，并且这些人曾经接受过面对面咨询。最常见的咨询话题是关系问题。不同的咨询服务提供商中常见的问题有所不同，包括情绪失常、焦虑和工作问题等。赖伯特（Leibert）等人调查并发现，在不同的人口学参数中（包括年龄、上网话费时间、收入和教育程度等），只有普遍上网时长与网络咨询使用相关。特别是，人们上网的时间越多，越容易参与网络咨询。或许是由于他们已经熟悉了在网络空间与他人互动。

早期关于来访者特点的研究主要关注于线上来访者和线下来访者之间的对比。他们将网络客户和线下客户的属性（如年龄、性别分布等）进行了对比，发现二者之间没有显著的统计学差异。这一研究方法的局限性在于，无法将社会文化背景考虑在内。两类研究对象来自不同的时间、不同的社会文化背景，这些差异可能会影响一个人参与任何形式咨询的意愿。

为了避免这个问题，墨菲（Murphy）、米歇尔（Mitchell）和哈雷特（Hallett）进行了一项研究，他们在客户使用网络咨询或面对面咨询的同时采集数据。结果表明，两类受访者样本在年龄、性别、平均服务小时数和婚姻状况方面没有显著的差异。然而，线下客户在哀伤处理方面的话题要多于线上客户，并且，更多的线上客户会拒绝透露转介来源（尽管两个群体的客户都以自我转介居多）。作者认为，网络匿名性的特征使得来访者更容易拒绝透露信息。并且，关于转介来源的信息在调查中是选填项，而其他题目为必填。总之，该研究继续了先前研究对两类来访者的比较。这些研究表明，线上和线下来访者之间没有明显的差异。

网络咨询偏好

前面提到的研究中检验了网络咨询来访者的人口学特征（如年龄和性别）。了解其他影响客户选择网络咨询的因素，可以拓宽网络咨询研究的视野。很多文献指出，电子邮件和即时通信聊天软件是网络咨询偏好使用的工具。使用网络咨询的原因包括便捷、便宜、私密及匿名。网络咨询，特别是非同步沟通的电子邮件，可以跨越时间和距离的障碍。客户可以在私人的时间和空间中寻求服务。

匿名性能够为来访者提供一个安全的环境。一些人可能不愿意公开进行心理咨询，如男性和儿童，以及被动寻求帮助的群体，特别是有心理健康问题的人群。洛克伦（Rochlen）、兰德（Land）和王（Wong）访谈了191位男性在观看线上和线下咨询会谈片段后对网络咨询进行了评价。随后，根据其性别角色冲突量表上的分数将受访者分为高限制情绪组和低限制情绪组。限制情绪是性别角色冲突的重要元素之一，它代表情绪表达的困难和恐惧程度。具有高限制情绪的人比低限制情绪的人更难表达自己的情绪。若兰（Rochlen）等人发现，高限制情绪的男性对网络咨询的态度要好于面对面咨询。这项研究表明网络环境或许能够引导更多的男性使用网络咨询服务。

从临床角度考虑，匿名性带来的好处是自我表露的增加和社会偏见的降低，然而，这需要伦理、法律和实践的检验。多灵（Dowling）和瑞克伍德（Rickwood）关注了机构对12~25岁网络咨询来访者的看法。机构对这些客户的描述围绕以下3个方面。

（1）来访者提出的问题。

（2）关于这个问题所使用的服务类型。

（3）匿名在咨访关系中扮演的角色。

机构提到，很多客户提出了许多临床方面的问题（主要是抑郁、焦虑、自残和自杀念头等），以及社会和环境问题（特别是围绕家庭关系、同事关系等）。一些客户需求快速、短程的服务，因此仅进行 1~2 次咨询。另一些客户需求长期的治疗，需要提供商持续的服务。一些客户利用互联网作为线下咨询的补充。匿名性带来了去抑制化，也让客户更好地把握个人信息。这意味着客户可以选择公开和保留哪些信息（如对自己和家庭成员的联系方式有所保留）。因此，网络环境可以吸引年轻人寻求帮助，然而，挑战在于如何维持这些年轻的客户，因为他们通常会寻找快速、短程的干预方式。在帮助提供商进行网络咨询服务时，需要考虑这些问题。

网络咨询师的特点

咨询关系的另一边是咨询师群体。对于咨询师的研究十分有限。海银伦（Heinlen）、维弗尔（Welfel）、瑞克蒙德（Richmond）和莱克（Rak）对提供网络咨询的网站进行了研究。他们用搜索引擎浏览了 136 个咨询网站。这些网站上认证的咨询师主要是美国当地的个体咨询师（20%是团体咨询）。其中，男性咨询师略多于女性，超过 1/3 的咨询师没有受过精神健康方面的训练。切斯特（Chester）和格拉斯（Glass）对曾经提供网络咨询服务的咨询师进行了调查。与之前的调查结果不同，此项调查的参与者性别分布平均。年龄在 28~69 岁，平均年龄为 47 岁（标准差为 9）。大部分参与者具有硕士或博士以上学位，并具有咨询师资格。大部分参与者来自美国，部分来自英国和澳大利亚。

　　费恩（Finn）和巴拉克调查了网络咨询师的咨询工作。超过 90%的咨询师在专业培训中没有网络咨询的内容。大多数咨询师专业发展的途径是自学或非正式的同伴学习。一些咨询师会参加正式的工作坊或培训项目。咨询师对于培训中是否应该包含网络咨询内容持不同意见。44%的咨询师认为应该进行网络咨询的培训，26%的咨询师反对，30%的咨询师介于二者之间。这与咨询师的个人经历相关，参加过专业训练的咨询师普遍认为网络咨询应该为客户提供标准化的服务。在英国，网络咨询师要求至少应具有研究生学历。然而，在美国并没有这样的要求。

　　目前，对网络咨询师的人口学背景的了解仍然有限。很少有研究对比有意愿和无意愿进行网络咨询的咨询师。然而，网络咨询的挑战也是咨询师犹豫是否要进行网络咨询的潜在原因。其中，包括匿名的风险（特别是危机干预中），对技术的不熟悉（仅能保证信息保密性），以及缺少非语言信息可能导致误解等。

网络咨询的"后勤"

　　杜博伊斯（DuBois）分析了她自己的网络咨询实践，发现她的来访者会搜索不同的关键词来访问她的网站。包括"咨询/问""在线""免费"和"治疗"。访问量最高的时段是星期二，以及每天下午 4 点至 5 点。除此之外，没有进一步的研究说明这是否成为一种模式及其应用价值。在切斯特和格拉斯的研究中，他们发现，咨询次数从单次到数月不等。平均每个客户的咨询次数为 5 次，超过一半以上的客户接受咨询的时长不超过一个月。这验证了前面提到的，在线咨询通常以短程居多，对于年轻人来说可能会更短。

13 在线咨询与治疗

在线心理服务的收费根据咨询师的差异而有所不同。根据回复数量（如每封邮件）或服务时间（按分钟或小时）收费。一些机构首次咨询免费，后续咨询收费，另一些机构则完全免费。平均来说，邮件咨询费用大概每分钟1美元或每小时49.2美元；网络聊天治疗每分钟1美元，每小时58美元；视频咨询平均每小时54美元。

在线咨询的伦理和法律问题

伦理和法律问题通常是远程健康服务的首要反对依据。然而，政府和有关部门制定并完善了整顿网络和跨界服务的相关条例。一些研究表明，网络咨询会为其他国家或地区的客户提供服务。如果客户表现出伤害自己或他人的倾向，咨询师需要告知当局。如果网络咨询中使用假名或搜索不到相关信息，则会引起法律责任问题。

因此，咨询师是否需要和客户在同一个国家或地区呢？在欧盟，答案是否定的。2011/24/EU条例中提供了欧盟跨界健康服务的相关规定。它允许客户寻求其他国家的健康服务（包括心理健康服务），有权力获得补偿。在线咨询作为该条例规定的一部分，客户可以跨地区寻找治疗或咨询服务。这样一来，咨询师需要在本国取得资格，无须和客户处在同一个国家或地区。目前，这种跨边界服务仅在欧盟实行，然而，随着在线咨询的用户不断增长，这已经成为一个全球化的问题。当客户所在国家或地区没有相关服务，而他们可以通过其他途径获得远程服务时，互联网可以提供这样的途径。关于欧盟的相关内容可以参考尤内斯库-迪马（Ionescu-Dima）的研究。她的研究中包括经济赔偿和法律冲突等内容，本章不再赘述。

在美国,国家咨询认证委员会提供了专业服务的伦理准则(包括咨询)。这一政策规定了网络咨询的具体行为,包括将所有咨询记录加密和向客户解释技术故障等。通过浏览在线咨询网站,海银伦等人发现不到 1/4 的网站提供了保密方式,更多的则是强调付款信息的安全和保密等。只有 3% 的网站列举了潜在的技术问题和应对措施。在这方面的调查中,在线咨询机构关于沟通保密性和技术故障方面的内容解释不足。然而,这些研究是 10 年前的数据,随着互联网使用人数的增加,相关政策或许已有变化。因此,要想了解互联网健康服务的政策,则需要进一步的研究。

在线咨询的工作同盟

在面对面咨询中,咨访关系比咨询技术本身更具有治疗功效。例如,克拉尼克(Krupnick)等人发现,咨访关系能够很好地预测抑郁的治疗效果,与所使用的咨询类型无关(无论是认知行为疗法、人际心理治疗还是药物治疗)。由于网络环境的匿名性,问题逐渐集中于是否咨访关系可以通过远程建立。

咨访关系通常需要咨询师和来访者形成"工作同盟"。伯丁(Bordin)1979 年提出工作同盟的形成需要具备 3 个要素:任务、联结及目标。咨询的任务是对来访者的行为和认知进行工作。如果来访者接受这些任务,将会更加投入地参与到咨询工作中。咨询中双方的联结是指双方积极的关系,包括互相信任、接纳和信心等。最后,双方必须要认可治疗目标。这一理论常被用于面对面咨询时的自我评估。

研究表明,积极的治疗关系可以通过在线咨询建立。网络治疗中的工作同盟与面对面咨询并无显著差异。寇克(Cook)和道尔(Doyle)根据

在线咨询与治疗

调研发现,网络咨询中工作同盟的分数略高于面对面咨询。并且,网络咨询来访者对目标的认同度也略高于面对面咨询。尽管另外两个要素(任务和联结)的分数也略高,但总体来说并没有统计学差异。然而,这项研究的一个限制是样本量较少(15 位参与者)。雷纳德(Reynolds)、斯泰尔(Stiles)和格罗霍尔(Grohol)请来访者和咨询师对在线咨询过程和咨访关系进行了评估。总体来说,在线咨询的满意度和工作联盟得分情况较好,与公开发表的面对面咨询分数相当。

然而,关于在线咨询和线下咨询对比的数据十分有限。要想研究线上与线下咨询工作联盟的区别,需要随机抽样调查。这样可以有效地避免混淆变量干扰研究成果。吉普洛斯(Kiropoulos)等人进行了一项随机控制实验,比较了咨询机构和诊断为恐慌失调或旷野恐惧症的线上及线下咨询的关系。这两种咨询方式下的工作同盟并没有太大差异。然而,这项研究中的"在线咨询"更多的是在第 2 节中提到的"他人支持下的网络治疗干预",如阅读专业人士的电子邮件等。

普瑞切(Preschool)、米尔克(Mercer)和瓦格纳(Wagner)采用了 8 周非即时网络认知行为治疗,并随机选取了来访者在线上或线下接受抑郁治疗。这项研究控制了更多变量,并通过试验对比了线上和线下的工作同盟。来访者需要为工作同盟进行两次评分,分别在治疗中期和治疗结束后。治疗师仅在治疗结束后进行评分。在不同时间点双方的评分没有显著的差异。此外,来访者的评分预测了抑郁治疗的结果。因此,这验证了在线咨询可以形成良好的咨访关系,并且对于治疗结果可以进行预测。

然而,另一项研究认为,工作同盟在面对面咨询中的影响要大于线上咨询。儿童帮助热线是澳大利亚的一项电话咨询服务。金(King)、班布林(Bambling)、瑞德(Reid)和托马斯(Thomas)对儿童帮助热线进行了 12 天的调查,发现咨访关系并不是治疗结果的显著的预测变量。然而,这与面对面咨询调查中的结果有所不同。其中一个解释可能是这种特殊的网络服务通常只有一次会谈,如果工作同盟对结果产生影响,则需要多次会谈。然而,金等人的研究无法得出结论证明线上与线下治疗中工作同盟的关系,因为没有设置线下控制组。这也是未来研究的方向之一。

目前,研究表明,在线咨询的满意度较高。此外,目前的研究并未发现在线咨询不容易形成良好的治疗关系。关于工作同盟对治疗结果的影响,则需要进一步研究证明是否不同沟通方式会带来不同的治疗关系。

在线咨询中的自我表露

自我表露是心理治疗的前提。关于个人信息的表露——如情感、想法、恐惧、家族史和习惯等——会带来积极的治疗效果。因此,治疗由线下转移到线上,需要考虑自我表露方式的改变。

网络互动经常被看做类似于"火车上的陌生人"现象。想象一下,你在一列火车上,一个陌生人突然坐在你旁边,你友好地和他点头打招呼,接着他开始和你分享一些私人的信息,如他们的家庭、爱好等。或许你们彼此不会再见面,因此对你讲这些内容相对比较安全。这就是"火车上的陌生人"现象的实例。这个现象说明,人们通常会和素不相识且不再相见的人分享自己个人的信息。然而,在线咨询有多种互动的形式,因此,这一解释并非十分充分。

网络关系让人们开始质疑实验研究中网络自我表露的生态多样性。人们研究了陌生人在线进行单次会谈,但这并不能完全代表网络咨询。15年前开始的研究发现自我表露会随着时间的变化而变化,然而,研究的背景并非心理咨询。例如,某项研究对比了3次10分钟会谈中的自我表露,发现网络自我表露的内容随着时间而增加。冯-多尼克（Won-Doornink）评估了在恋爱关系不同阶段自我表露的差异（1个月以下、3~12个月和12个月以上）。每个阶段并没有明显的差异。然而，当表露根据亲密程度进行区分时，差异比较明显。因此，时间对亲密表露的频率有影响，而并非对所有的自我表露有影响。这些研究都表明了时间对自我表露的影响，然而，这些研究是否能够应用于网络咨询，还需进一步考证。

自我表露和语境及听众有直接关系。社会规范下朋友间的互动与专业关系有所不同。有研究对比了朋友和任务背景下自我表露的差异。在这两种情境下，参与者作为同伴与他人互动。然而，在治疗关系中则十分不同。治疗中双方都期待来访者能够表露与心理健康相关的信息，然而，并不需要与治疗师交换信息。不同的关系动力表明，社会互动的关系研究或许在治疗关系中完全不适用。

阮（Nguyen）进行了一项研究，系统地分析了在目标明确的咨询（教练）过程中自我表露的即时性和时间。共有60位参与者被随机分配到几种情境中：面对面交谈、即时通信、邮件沟通、社交场景或专业治疗关系（一周一次，一共持续4周）。研究者为心理学专业的女性研究生。参与者们分别与研究者进行沟通，通过分析判断出不同性别在自我表露频率上无明显差异。所有的沟通中都根据表露信息的类型进行编码，其中，包括关于参与者自身的信息（自我表露型信息）和非个人相关信息（如"金门大桥在旧金山"）。每次会谈后会对自我表露的内容进行评分。结果表明，网络自我表露研究应用于网络咨询，必须要在咨询语境中进行。研究结果如图13-1所示，可以看到参与者在邮件沟通中自我表露的信息最多，其次是即时通信，最后是面对面沟通。三者的差异十分显著。沟通方式越偏向非即时，两种沟通情境下自我表露的差异越小，然而，在专业情境下表露的信息更多。

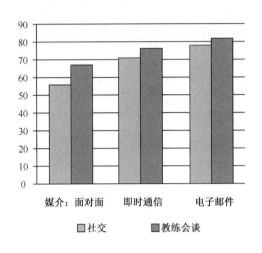

图 13-1 自我表露信息的百分比

注：柱状图显示出不同媒介和语境下完全自我表露的百分比

根据 Nguyen（2011）重新制表

　　首先看一看关于沟通媒介方面的发现。面对面沟通和即时通信都是即时性的。对方可以立刻知道所说的内容。面对面的情境下，可以看到对方是否在皱眉、微笑或是假笑。基于这些观察，会去思考下一步说什么及如何说。即时通信工具的沟通也会立刻收到回复。尽管无法看到表情，但仍然可以根据对方回复的文字或延迟回复来推测他们的态度。然而，通过邮件沟通可能会花费几天或几周的时间，对方不太可能立刻进行回应。这项研究表明了沟通即时性对自我表露的影响。这些差异并非只是线上与线下的差异，还包括不同在线沟通媒介的差异。因此，在线咨询师需要仔细思考用何种方式让客户进行表露。这一发现还表明自我表露受语境的影响。教练会谈组的自我表露信息要多于社交组。这或许是由于治疗关系中的来访者希望表露更多的内容。还有一个原因是咨询的次数有限。在社交语境中，根据交换原则，双方可能会表露等同的信息，而治疗关系中来访者表露的信息要多于咨询师。因此，在一个小时的时间里，治疗关系中一个人所表露的内容要多于社交关系。

然而，这项研究的一个局限是，仅研究了自我表露的频率。自我表露这个概念有很多维度，通常以3个方面为主要研究对象：频率、广度和深度。频率是指表露信息的多少；广度是指自我表露信息的多样性；深度是指表露信息的私密性。阮、宾（Bin）和坎贝尔（Campbell）对比了线上与线下的自我表露，发现自己感知到的自我表露与实际自我表露受沟通媒介的影响有所不同。网络上的实际自我表露较多，而面对面沟通中感知自我表露高于网络。也就是说，人们认为自己在"实际"生活中表露更多，然而真实情况恰恰相反。因此，尽管经常将表露频率作为研究对象，仍需要进一步的研究决定究竟哪些维度可以预测在线与面对面治疗的结果。阮的研究指出，在将非咨询语境下的研究应用于网络咨询时需谨慎。

在线咨询领域未来的研究方向

无论对临床实践者还是研究者来说，在线咨询都是值得研究的领域。目前的研究认为，在线咨询的结果和治疗关系都具有积极的方向。然而，在线咨询被广泛接受之前，还有很多研究要做。最大的挑战是科技持续进步的速度远远大于研究的速度。

例如，网络视频技术的发展。本章中提到的很多研究是基于文本的心理干预。这是由于当时即时通信和电子邮件技术相对比较稳定。客户和咨询师知道如何使用电子邮件和即时通信，他们知道在哪里可以获得技术支持，并且很容易获得这些工具。然而，随着视频设备的不断完善，越来越多的人使用视频作为通信工具。一些研究已经开始关注视频和面对面治疗PTSD的工作同盟关系。研究结果表明，工作同盟随着时间的增加而增长，并且，线上和线下同盟关系并无显著差异。与先前的研究相比，基于文本的咨询与视频咨询也无显著差异。

越来越多的人使用多种媒介和他人进行沟通，这也是未来在线咨询的研究方向之一。有研究表明，多媒介沟通能够带来更好的治疗效果和治疗关系。然而，这些研究的样本数量较少。库克（Cook）和道尔指出，研究需要更多地与咨询师进行沟通（也就是真正和咨询师进行谈话），而不是仅仅使用不同的媒介。

目前，对在线咨询过程的理解仍在不断进步当中。关于治疗语境中的自我表露研究是一个全新的领域，需要更多地关注频率、广度和深度。与此密不可分的是网络沟通的理论支持。关于治疗过程、治疗关系和治疗结果之间的连接仍需要进一步的实证研究。因此，尽管过去已经有了很多研究，然而在现代科技和人类互动的语境下，仍然有很多问题等待人们去探索。

本章小结

- 网络上具有很多心理支持和干预的方式，如一对一咨询、自我指导、虚拟现实治疗及同伴支持小组。

- 网络治疗和自我指导型干预对于减少身体和心理症状都有一定的效果。其有效性持续至少一年。

- 网络心理治疗的有效性根据具体问题、治疗方法和互动的次数的差异，表现出不同的结果。

- 在线咨询的客户以女性，白人，年龄在 20～40 岁居多。这一数据

在线咨询与治疗

和面对面咨询并无太大差异。

● 在线咨询的客户更喜欢使用电子邮件和即时通信工具。

● 很少有研究关注网络咨询师的特征。咨询师大多来自美国、英国和澳大利亚,常用的治疗方式是认知行为疗法。大多数咨询师都没有接受过网络治疗的专业培训。

● 在线咨询的工作同盟与面对面治疗关系并无太大差异。

● 线上与线下治疗的一个潜在差异是,工作同盟对治疗结果的影响。然而这需要进一步的研究。

● 网络自我表露的研究表明,治疗关系中表露的频率与社交场景有所不同。也就是说,想要了解网络咨询中的自我表露,需要在咨询语境中进行研究。

● 目前关于网络治疗自我表露的研究主要关注表露的频率。未来的研究应当进一步关注表露的深度和广度。

● 未来关于在线咨询的研究需要调查治疗过程和结果之间的关系。

● 新科技,如移动技术和视频会议技术,在网络治疗中的角色需要进一步研究。

14 在线隐私和安全风险

安德鲁·鲍尔（Andrew Power）
格拉尼·柯万（Gráinne Kirwan）
爱尔兰艺术设计和技术研究所

导论

大众媒体越来越让人们相信，人们正处在一系列的外界力量的威胁和监视之中。病毒制造者正在制作恶意软件，并正以各种不同的机制将其散布出去。网络犯罪分子会潜入人们所依赖的公司网站和数据库，而骗子会读取人们的信用卡的详细信息。还有一些人可能会访问人们的计算机，窃取文件。同时，国家情报部门正在阅读人们的文章并检查他们正在互联网上浏览的内容。人们的雇主正收集有关他们浏览习惯的数据。购物公司正在追踪人们的购买信息，剖析人们的生活方式。陌生人正在阅读人们的电子邮件，人们并不知道自己的孩子在社交媒体上正在与谁交谈。这些都是真的吗，或者部分内容是真的吗？在网络生活中，有点偏执或许是一件好事。

除了那些主动寻找数据的人之外，有很多信息是人们自愿分享的。虽

在线隐私和安全风险

然人们可能会认为，只是把这些信息分享给了一小部分人（或许只分享给了人们的信息接收者），但是人们也可能通过社交网站（**SNS**），或公开的、线上的个人资料或网站，和他人分享信息。人们经常会以牺牲某些隐私的方式，从某些服务或技术中获利。即使只是和特定的人分享信息，也有可能被转发，这样，人们对知己的信任程度可能就会大打折扣了。本章探讨了在线隐私的概念、人们为了让其他人有成就感而在隐私方面做出的牺牲、信任发挥的作用、最关心和最不关心线上隐私的人群分类，以及能让人们对隐私和安全有所了解的领域中的重要理论等。本章还推荐了一些可提高网络安全的方法。

什么是隐私？

对于不同的人，隐私这个词可能意味着不同的事情，同时还会因人们想要保密的事情的性质的不同而有所不同。隐私这一主题还涉及了人们网络生活的一些其他方面，包括网络欺凌、流言、诽谤、数据安全漏洞、不当披露、违反保密规定、不正当搜索和监视等。克拉克（Clarke）给出了这个术语的完整解释。隐私不仅仅有特定的法律意义，而且还具有更容易理解的含义。他将隐私定义为"个人希望保持一定的'私人空间'，免受他人或其他团体的干扰"。克拉克接着将隐私的含义分解成了若干个相关的方面。

- 个人隐私：关注的是一个人的主体完整性。相关问题包括强制免疫、未经同意就进行输血、体液和身体组织样本的强制性供应，以及强制绝育等。

- 个人行为的隐私：在私人和公共场所中的性取向和习惯、政治活动、宗教活动等。有时被称为媒体隐私的行为也包括在这一类里。

● 个人通信的隐私：个人之间利用各种媒体进行通信而不受其他个人或组织常规监测。

● 个人资料的隐私：有关个人的资料不应自动提供给其他个人和组织，并且即使另一方获得了资料，个人也必须能够对该数据及其用途具有实质性的控制权。

人们需要隐私，隐私对于一个人而言非常重要。在心理上，人们觉得需要一个私人空间。在社会上，人们需要行为上的自由，需要在与其他人交往时不必担心被人监视。在经济上，人们需要创新的自由，个人和商业组织都需要感到自己是安全的，他们的创新不会被工业间谍盗取。最后，在政治上，为了维护民主，人们需要自由地进行思考和争论，并采取行动。

对于隐私而言，一些概念已经过时了。根据 Facebook 创始人马克·扎克伯格所说，隐私不再是一种社会规范。他通过设想扩展了这一说法，他表示"用户不但真的越来越乐意分享更多不同种类的信息，而且也更公开地与更多人分享这些信息"。鉴于此，或许隐私不再是一个问题，借用一位作家的话，人们只是不再关心它了。对于卡什莫尔（Cashmore）而言，当他写道"社交媒体持有确凿的证据（原文）证明隐私已死"时，他就已经很清楚人们对隐私态度的变化，以及罪魁祸首是谁了。社交媒体只是众多 Web 2.0 应用程序中的一个，并且如今从移动设备上可以访问其中许多这样的 Web 2.0 应用程序。从这些应用程序衍生出来的许多好处使共享某些信息成为了必然，从而让他们有效地发挥作用。人们常常用隐私交换便利。最简单的实例就是导航应用程序。如果要想让智能手机应用程序告诉自己如何才能到达某个地方，首先必须告诉它目前的具体位置。这样，就给服务提供商和一些陌生人提供了位置和运动的详细信息。

14
在线隐私和安全风险

隐私、人格与特性

在许多不同的方面，隐私对人们来说很重要。当回想起经常见面的那些人时，可能会发现他们属于几种不同的类型。一些人会"过度分享"，他们把别人眼中认为应该深埋在心里的信息告诉了自己周围的人。而还有一些人，他们非常注重隐私，很少和其他人深入沟通任何事情，他们选择自己保守自己的秘密。一些人看起来很友好，对大部分人都能敞开心扉，但是仔细观察之后会发现，他们只与生活中几个关键的人深入分享个人信息。他们每个人对隐私都有着不同的看法。

当然，有较高隐私观念的人是不太可能透露个人信息的，但是其他几个特点也与信息披露活动有关。陈（Chen）和马库斯（Marcus）发现，某些类型的人们更可能会在线上公开不那么诚实的、与观众更有关系的信息，最明显的就是集体主义的人了，这些人的外向性都较低。福格（Fogel）和内曼（Nehmad）发现，信息披露问题可能会因社交网站和性别的不同而有所不同，男性会比女性表现出更多的冒险态度。吴（Wu）、黄（Huang）、尹（Yen）和波波娃（Popova）发现了文化、隐私策略、隐私担忧和提供个人信息意愿之间的关系。利特（Litt）注意到，社交网站上不同的用户在隐私行为方面的表现有所不同，同时还注意到，某些群体与其他人比起来，会更多地利用技术来保护他们的隐私，因此，有些人比其他人更有危险。

当然，在网上，人们往往决定不了谁将看到自己的信息。最初，大多数社交网站不允许个人将他们的联系人进行分组——一个人要么是联系人，要么不是。如果他们是联系人，那么他们就可以看到用户在网站上分享的一切。这意味着同事、家人、朋友、现在和过去的恋人、以前的同学，甚至连泛泛之交都可以分享到共同的信息。但是，除了不太在意的一些信息之外，有时候人们并不希望与所有组里的联系人分享相同的信息。实际上，人们并不介意与曾经见过的人（以及一些从未见过面的人）分享某些信息，但是，还有一些别的信息，人们更倾向于分享给最亲近的人。马尔德（Marder）、卓因森（Joinson）和珊卡（Shankar）描述了这些相互冲突的**社会圈**的重要性。他们概述了不同的社会圈拥有怎样不同的个人规范和期望，如果没有得到精心管理，在线社交网络就可能会造成关系紧张。陈和马库斯同样注意到，社交网站的学生用户会选择使用隐私设置，从而管理他们在网上描绘自己的方式。

通信隐私管理（CPM）理论

在这里讨论的许多方面的线上隐私都是通信隐私管理（CPM）理论的范畴。彼得洛尼奥（Petronio）概述了 CPM 的几个基本原则。这些原则包括：用户（个人或集体）认为，他们对自己的私人信息具有所有权，并有权控制传播这些信息的方式；用户还自行制定规则，决定要分享多少信息及分享的方法等，并假定这种信息的其他持有人也会遵守同样的规则；最后，如果信息未经许可就被共享了，则会带来一系列问题。通信隐私管理理论已被应用于网络通信的许多方面。

人们曾经怎样放弃过隐私？

布伦纳（Brenner）认为，有 6 种特定的新生事物促使人们放弃隐私，即谷歌、社交网络、射频识别标签、会员卡、政府行为，以及类似 Kindle 的工具。

14
在线隐私和安全风险

以谷歌为例，布伦纳特别提到了如 Gmail 和 Google 日历这样的应用程序，它们允许人们编制时间表并组织沟通。然而，为了方便，当人们使用相同的工具来安排业务和个人约会时，就意味着人们放弃了大量的信息。这些信息是如何被使用的？谁看到了这些信息？这已经是人们力不能及的事情了。

社交网络的爆发意味着几乎每个人都在使用领英网、Facebook 或推特网。这些工具作为沟通的方式，其方便性和吸引力致使人们心甘情愿地，甚至愉快地放弃了许多日常隐私。如果这些隐私被那些别有用心的人看到并加以利用的话，其后果可能会有些尴尬，严重的甚至可能会让人们面临遭到勒索的风险。

越来越多的人使用射频识别标签和会员卡，这就把人们的行动和购买行为映射到了一个巨大的程度，且还在不断增长。汽车上的射频识别标签就省去了人们在收费公路上因没有零钱而带来的不便，但是作为交换，他们绘制了人们的位置及行动轨迹。当地商店的会员卡可以让人们节省一些开支，然而，这么做就会让商店获知人们的购买习惯，以及在生活方式上所做出的选择和改变。

在恐怖袭击如"9·11"之后，世界各国政府为了防止恐怖行为反复发生，力图增强他们的监管能力。这不可避免地导致在隐私权和国家安全之间出现冲突，在维护公民自由的愿望和保护公民的愿望之间出现冲突。

在汽车和智能手机中广泛采用了 GPS 导航技术，这就意味着，如今该技术的提供商在所有人身上都安装了一个简单的、每时每刻都能追踪到人们的装置。这就是人们自愿签订的协议，每次当那个小小的对话框出现在屏幕上，提示"这个应用程序想使用您的位置"时，人们会重新确认接受这一要求，然而这样，人们的隐私就又变少了。在使用其他应用程序的软件之前，它们会要求访问人们的社交网络账户，因此人们将看到一条信息，例如，这个应用程序想要访问你的基本个人资料和好友列表。

其他不太明显的应用程序也正在侵入人们的隐私。Kindle会追踪人们所读的内容，以及阅读的速度。各种行走记录的应用程序正在追踪人们的运动量和健康状况。人们利用围绕健康问题的应用程序来管理饮食或进行减肥。谁会对这些数据感兴趣？健康保险公司、雇主，还是零售商？真正感兴趣的人比想象得更多。

信任

尽管一些人格和性格特质会影响个人对信息的披露程度，然而，信息的披露与用户本身无关，而是与用户或组织和信息接收者之间的关系有关——换句话说，就是与对信息接收者的信任有关。对于那些相信不会与别人分享自己信息的人而言，这可能就是那个关键的因素了。倘若这些人中的某个人在未经信息提供者的批准就把这些信息分享给了别人的话，信任将会土崩瓦解，并且很有可能不可挽回。

同样的原则被应用到了网络上——人们信任那些个人和组织，认为他们不会与第三方分享我们的信息。人们期望他们可以保管好自己的信息，不把它分享给其他人，并确保这些信息不被网络犯罪分子窃取。如果认为这种信任已经土崩瓦解了，即无论是情愿的还是不情愿的，信息接收者在未经许可的情况下，将消息披露给了第三方，那么将会发现，除非绝对必要，否则会犹豫是否向他们分享进一步的消息。对于某些线上组织，人们的选择有限，可能会被迫回到他们的组织中（如政府机构）。然而，对于许多的在线组织，人们则有选择权——可以注销账户或转向其竞争者。因此，

14

在线隐私和安全风险

信任是电子商务的一个重要因素。

在线沟通的某些功能可能会导致披露个人信息的倾向加剧。例如，沃尔特（Walther）注意到，在线沟通的内在机制可能会提升感情和情绪上的感知水平。沃尔特将其戏称为超个人化的交流，由此得出，个人信息的披露可能在线下的情景中不会发生。确实，自从鲁宾（Rubin）对自我披露进行的早期研究以来，对于个人将信息分享给他人，甚至分享给他们不一定熟悉的人的方式及原因，出现了多种解释。

在决定是否要披露信息时，人们对那些正在与之分享信息的人的信任发挥了关键性的作用——以高度的信任补偿较低程度的隐私。这种信任的重要性也与人们与在线组织的互动有关，如政府。但是，对用户，特别是对那些不太相信别人的人，以及那些很少使用高科技的人而言，用来讨论私人信息的沟通工具的类型也很重要。

在线资料私有化

随着世界各地对网络和数字世界的参与不断增多，上传、存储和共享的信息与日俱增。对于如何保护这些信息的问题，人们只有有限的知识，或者只会关注这些信息可能会多隐秘或多不隐秘。上网不仅变得越来越普遍了，而且已经成为了用户个人资料的主要来源。将社交网络技术和移动电话结合起来就意味着互联网已经从桌面移动到了口袋里。保持在线状态及不间断的连接网络，就使得社交网络变得越来越便利了，且无所不在。互联网的概念已经从一个有用的参考工具，变成了触手可及的另一种通信形式。

因此，常规生成的、收集到的、并储存的有关个人购买、通信、关系、活动、财务，以及几乎是个人生活的方方面面的数字资料的数量大幅增长了。此外，收集、存储并挖掘信息的技术也在不断提升。私营公司收集并存储了大量的信息。有时候，这能够让他们提供更好的服务。在更多的情况下，这是为了市场营销、研究和其他形式的货币化。凯特（Cate）、丹普森（Dempsey）和鲁宾斯坦（Rubinstein）认为，政府与其将其视为对权力或民主的威胁，还不如将这些第三方视为一个现成的、高效的、具有成本效益的关于个人和组织的数据源。

多年来，政府要求企业收集、保留并分享客户资料，以协助遏制洗钱、贩毒、偷税漏税、恐怖主义和其他罪行等。政府不仅仅要求企业一次生成关于单个目标或一小部分人的具体记录，并且通过凯特等所谓的系统化的政府访问，越来越多地访问由私营部门持有的个人信息。云计算的出现，以及由此产生的、可在世界各地访问的大型共享设施上的数据存储，具有高效、数据安全和成本低等优势。

然而，由于担心政府会广泛访问这些数据，一些云服务的部署和使用已经放缓了。凯特引用了荷兰安全和司法部部长的例子，在2012年7月，他因害怕美国法律允许政府过多地访问由私营部门持有的个人信息，而阻止了美国的云计算服务提供商竞标政府合同。作为一个更深入的例子，凯特等人进一步引用了一个事实，即在2011年，美国执法官员做出了至少130万个查询，要求蜂窝电话运营商提供有关短信、呼叫方的位置和其他的用户信息等。

布朗和凯特认为，像Facebook这样的公司更愿意通过所谓的**系统化志愿服务体系**向政府提供更多的私人资料。提到这一点，他们的意思是，在英国，只有政府要求了，他们才会提供所需要的资料。根据布朗的描述，虽然Facebook和黑莓没有提供公共电信系统，因此不受法律的约束，但是它们还是遵从英国政府当局的要求，依据2000年调查权力法案的程序，提交了特定的用户资料。

有关隐私的悖论

Facebook 的个人资料和状态更新，推特上的推文，以及四方网上典型的社交网络用户的"签到"的数量，可能会让人们产生这样的印象：年轻人尤其不在乎自己的隐私。泰内（Tene）认为，情况并非如此。与年长些的用户相比，年轻的成年人（年龄在 18～29 岁）更可能限制在网上提供的有关自己的信息量，并且，他们在自定义他们的隐私设置并限制谁可以看到各种更新时，表现得最积极。2006 年，苏珊·巴恩斯（Susan Barnes）描写了有关隐私悖论的话题。说到**隐私悖论**，她认为，隐私看起来是许多使用互联网的人关注的事情，然而，他们在资料共享方面所做出的行为却和他们自己的观点背道而驰。她的研究观点是，对于较年轻的互联网用户而言，如果他们的父母看不到信息，那么这些信息就是安全的。

另一个悖论是，什么是公共信息，什么是私人信息，两者之间有什么区别。事实上，泰内认为，在什么是公共信息、什么是私人信息之间的区别受到了侵蚀。他引用了某个匿名城市的例子，这个城市，如同伦敦一样，逐渐开始使用由面部识别软件支持的监控摄像头，由此形成了复杂的监控网络。在社交媒体网站的环境中思考这个问题时，当部分信息在世界范围内变得广为人知并分享给朋友的时候，公共和私有的问题就不再是简单的黑与白的问题了。人们越来越多地生活在了一个"半公共"的氛围内。

在公共和私人之间，有一种令人心神不安的组织似乎正在发展着。虽然私营部门收集了大量的信息，然而，国家似乎视其为治理的工具，而不是威胁。同时，政治家和政府看到，参与到同样的社交网络中，分享自己的信息和资料,是弥合自己与选民之间的鸿沟的一种方式。存在数字鸿沟的地方,在线参与就会受到限制。虽然,如果私营部门认为有市场效益,它们就会继续缓慢地收集那些不能上网的少数人的资料,但是,如果社交网络依据基础设施服务供应商的要求来塑造自己,从而与政府进行更加密切的合作,那么消除数据鸿沟可能就是必需的了,并且从权威和资金方面来解决这个问题时,公共部门其实处在了最有利的位置。

用户对使用 Facebook 所产生的潜在的负面问题,如隐私和安全问题等,也开始有了较强的意识。格罗斯(Gross)和阿奎斯蒂(Acquisti)强调了如跟踪、身份盗窃、价格歧视或勒索的风险。博伊德(Boyd)和艾莉森(Ellison)确定了由于跟踪功能、骚扰和个人资料被第三方使用等不利因素,导致了如名誉受损、不必要的接触,以及类似监视的组织形式等后果。史基斯(Skeels)和格鲁丁(Grudin)研究了在工作中社交网站的用途,确定了用户将个人圈子和职业圈子混为了一谈而造成的紧张局面。王(Wang et al.)通过观察 Facebook 中让用户感到后悔的问题,进一步扩展了该项研究。虽然在线下世界中,发展态势良好的规范指引着社会化和自我披露,然而,在线上世界里,确定某人的受众、约束某人的行为尺度及预测他人对他们的反应就变得难上加难了。

对于许多 Facebook 的用户而言,他们可能没有预料到网上活动的负面影响,也没有想到他们可能会参与到以后会让他们后悔的行动中。王等人(Wang)发现,令人最后悔的就是公布了与酗酒或吸毒、性、宗教、政治、亵渎,以及个人家庭或工作有关的问题。在研究用户为什么公布这些事情时,他们的回答包括:它很酷,这很有趣,发泄沮丧,他们当时怀着美好的意愿,他们没有想到这件事,或当时比较情绪化等。甚至是单纯的轻率行为也会造成严重的后果,就好像在这个例子中,一位教师由于在 Facebook 上贴出了自己一手拿着一杯红酒,另一只手拿着用马克杯装的啤酒的照片,而不得不被迫辞职。这样的事件表明，单一的行为可能会对社交网络用户造成负面的影响。

找回某些隐私

找回隐私的第一步是要了解目前所居住的环境，确保是有意识地在用隐私换取便利。了解所提供信息的性质是第一步。

第一个也是最直接的提高隐私性并确保自己身处政府和商业监控活动之外的办法，就是尽量从网络世界中退出来。当然，这就意味着要放弃智能手机，或至少将其关闭，或当不使用它时取出电池。否则，它将继续散布你的位置。也可以考虑不进行电子商务，不发送邮件，并且永不在社交媒体上发布帖子，不关心任何公众消息。

根据电子前线基金会（EFF）所说，"综合考虑法律和技术因素，针对窃听事件，面对面的交谈和使用固定电话来对话，要比用手机或互联网通信更安全。"他们认为：在技术和法律上，用手机通话更容易受到伤害，而手机短信目前看起来更不安全。手机也导致了定位跟踪的风险。完全消除风险的唯一方式就是不携带手机或取出电池。

对于大多数人而言，如今人们周围如此普遍的技术带来的便利已经与人们的工作和娱乐融为一体了，以至于这种方法变得不切实际起来。人们多半已经决定了，口袋里的技术所带来的便利值得减少生活中的隐私。爱马丁（Armerding）为那些不愿意放弃科技但又希望减少侵入感的人提供了一些实用的建议，包括使用加密技术、屏蔽技术和专用网络等。

与此相关的是，用户应具有从线上世界中删除自己资料的能力和权利。2012年1月，维护正义、保障基本权利与公民身份的欧盟委员会的委员维维安·雷丁（Viviane Reding）宣布，欧盟委员会关于隐私权的建议是：被遗忘权。在理论上，这将意味着，如 Facebook 和谷歌这样的公司将承担因删除人们后悔发布在网上的资料所产生的费用。罗森（Rosen）强调，这种想法源自欧洲和美国关于隐私和言论自由之间的平衡的概念。

欧洲受到了法国法律的影响，即承认个人有遗忘或"被遗忘的权利"——这个权利允许刑满释放并恢复了正常生活的罪犯拒绝公布他犯罪并遭监禁的事实。在美国，有关某个人的犯罪历史的出版物是受宪法第一修正案保护的。尽管随之而来的是围绕着这种权利是否恰当的争论，但是最近，谷歌实施了该项权利，并得到了欧洲最高法庭的支持。在其实现后的第一个 24 小时内，他们平均每秒钟收到 7 个请求。虽然有许多关于这些请求的统计报告，但是这些都是媒体和报纸的报告，而不是建立在谷歌自身研究或学术见解上的统计数据。

隐私和大数据

大数据集的收集和分析创造了巨大的经济价值。它是创新、提高生产力、增加效率和经济增长的驱动力。但是，这也是一个隐私问题，可能会激起监管反弹，抑制数据经济，并扼杀创新。有关大数据可用性的正面例子就是谷歌的 Flu Trends。每周，都有数以百万计的来自世界各地的人在网上搜索有关健康的信息。在流感季节，有许多流感相关的搜索；在夏季，有很多晒伤相关的搜索。谷歌发现了搜索流感相关主题的人数与事实上患有流感疾病的人数之间的密切关系，这就使他们能够用曲线图表示并预测全球流感的暴发。

然而，收获大数据集和使用强大的分析工具就引起了人们对隐私的担忧。人们的健康、地点、电力使用和在线活动的信息受到了审查，引起了人们关于个人资料、歧视、排斥和失去控制的担忧。为了避免用户被识别出来，一些组织使用了软件工具。这些工具有不同的名称，如匿名、假名、加密、密钥编码和数据分片等。这样做的目的就是掩盖真实身份，同时允许进行数据分析。遗憾的是，研究表明，即使是匿名的资料，通常还是会被重新辨认出来，并追溯到具体的个人身上。

安全和风险管理

从本质上讲，任何时候，当人们披露关于自己的信息时，都是自己决定要这样做的，并时刻牢记，这样的披露会带来一定的风险。人们共享的信息也有可能被得到信息的那个人滥用（例如，他们可以与他人分享，或者在特定的行动中用它来使信息的发布者服从）。同时，如果只是简单地共享信息，并且完全不保密，那么人们的信息就有可能会被第三方偷听到或窃取走。这里有几个理论，探讨了人们从事冒险行为的原因，以及影响人们在如此有风险的情况下做出决策的因素。在这个领域中，由卡内曼（Kahneman）和特沃斯基（Tversky）所进行的研究是最出名的。

从本质上说，个人如何想象和感知一些相互作用的潜在益处和风险，会对他们进行冒险行为的可能性或某种类型的冒险行为产生影响。如果人们感觉一种行为的潜在好处超过了可能带来的风险，并且关于此类得失的信息会以具体的方式呈现，那么就可能会认为，信息披露值得冒这样的风险。例如，通过智能手机应用程序使人们能够经常查阅自己的银行收支和交易情况，这与人们的智能手机有可能被盗或第三方有可能会获得这些细节信息比起来，前者对人们更重要，因此就会选择使用智能手机的应用程序。

如果人们缺乏冒险精神，或者关于风险和收益的信息以不同的方式呈现出来，那么这可能就会导致人们做出以下决定：限制访问有关银行业务的信息，亲自到当地的分行进行交易，或在账单到达邮箱时审核账单。重要的是要知道，人们对风险的感知往往不是很正确的，他们坚信，不希望发生的事情（如严重的疾病）不太可能发生在他们身上。这种**乐观的偏见**在人们生活的许多方面都是值得注意的现象，同时还要指出，这种偏见也适用于对在线隐私风险的感知。

然而，还有一种可能，就是人们可能具有良好的风险意识，并可能决定不进行冒险行动。布瑞斯（Bryce）和弗莱瑟（Fraser）进行了焦点小组实验，参加的年轻人年龄在9～19岁，研究发现，虽然参与者已经意识到了他们在线上的行为是有风险的，然而，他们仍然认为，披露个人信息的风险，与在网上跟陌生人进行互动的好处比起来，后者让他们觉得值得去冒险。海尔曼（Heirman）、沃雷夫（Walrave）和波内特（Ponnet）同样指出，当青少年决定披露个人信息时，他们会受到来自其他重要人物的较大的社会压力的影响。因此，看起来，目前在这个群体中，许多促使网上行为更安全的策略误导了人们——年轻人意识到了风险，但是尽管如此，他们还是会选择参与这样的行为。其解决方案可能是，使用确定的方法来实现年轻人的目标，而不要求他们只在第一时间披露此类的信息。

在本书中的其他部分（见第6章）讨论了**保护动机理论**及其在线上安全行为中的应用。保护动机理论是由罗杰斯设计的，并且以多种方式应用到了在线安全上。本质上，这个理论描述了用户对威胁和可能的预防措施的认识是如何影响他们进行风险管理行为的可能性的。例如，"感知到的威胁事件的严重性"部分是指个人关于失去隐私的后果可能有多严重的判断，而"威胁概率"部分是指个体感知到的事件发生的可能性。在一般情况下，人们预期的可能性和严重性越高，个人就越有可能采取预防措施（虽然这可能被其他因素调节,如个人相信他们可以有效地使用预防措施)。

政府机构获取个人信息和通信的最新进展与这一模式有一个有趣的互动——如果用户认为,无论采取什么措施,他们的信息都不安全,或者第三方可能会因可用的信息的量而感到不堪重负,那么他们可能就会再次降低他们的风险厌恶倾向,这是因为他们相信,无论他们采取什么措施,他们的信息都可能被共享,而且,因为那些参与监视的人对个人通信的兴趣是有限的,所以人们看到了这些信息,并且采取行动对用户进行识别的可能性是非常小的。

删除证据

有一个犹太人的故事,一个男人在社区里到处散布谎言和流言。当他去拉比那里寻求宽恕时,拉比指示,让他去拿一个羽绒枕,并打开它,倒出羽毛。羽毛顷刻间到处飘摇——一些离他很近,一些却已随风飘走。然后,拉比再次发话,让那个男人去收集那些羽毛。当那个男人表示这是不可能的时,拉比告诉他,同样也无法弥补散布谎言和流言所造成的伤害。

虽然在线上,人们可能不会发现自己在撒谎或散布谣言,但是尽管如此,人们还是对羽绒枕的故事产生了共鸣。在线上披露什么或写些什么,都不能够完全撤回——即使源披露早已不见踪影,但是信息依然可能继续存在。一些应用程序用昙花一现的信息作为一个卖点,在信息(通常是照片)被看到后的几秒内,就对其进行删除。但是,利用其他用来恢复文件的应用程序就有可能保存这些信息、图像或信息截图等。

也许为了回应网络跟踪事件(见下文)或其他让人们质疑的在线安全的事件,即使信息在网上已经存在一段时间了,还是可能会选择调整隐私设置。查尔德(Child)等人调查了博客上的此类行为,他们发现,"印象管理触发、个人安全标识触发、关系触发,以及法律/惩戒触发"可能会导致博主更改隐私设置,致使他们"擦洗"自己的博客网站,从而进行更高级的保护性措施。此后,查尔德确定了删除已发布在博客网站上的信息的各种动机,包括保护个人身份/安全、冲突管理、就业保障、害怕报复、印象管理、调节情绪,以及关系清洗等。

在施蒂格尔(Stieger)等人对"**虚拟身份自杀**"展开调查时,人们也完成了对社交网站的类似的研究。"虚拟身份自杀"是指离开社交网络并删除账户。施蒂格尔等人指出,比起那些依然留在社交网站上的人,那些删除账户的人具有较高的自觉性,对隐私更加谨慎。参与者对为什么离开给出的解释很可能就是出于隐私问题的考虑。

跟踪和网络跟踪

跟踪和网络跟踪是人们信息共享所引发的一个相对罕见的结果,由于该后果极其严重,必须给予认真的思考。因为现在跟以往不同了,可以有规律地、及时地分享有关个人的信息,再加上带有地理定位技术的智能手机,就能告知别人自己目前的位置,以及将要去的地方了。在某些情况下,可能会选择与谁共享这些信息,选择能够看到这些信息的特定团体或个人,而在另一些情况下,可能无意识地与某些可能会导致自己受到伤害或痛苦的人共享这些信息,而没有意识到他们的意图。在其他例子中,通过科技得到信息可能就意味着自己的位置可能已被别人获知了,而自己却对此无能为力——例如,如果注册了一个特定的大学课程,该课程课堂的时间表可以通过该大学的网站公开得到,那么任何人都有可能确定在这个学年里的大部分时间你在哪里。

米莎(Mishra)将网络跟踪定义为,"一个人在网络上被人跟随并纠缠。他们的隐私遭到侵犯,他们的一举一动都受到了监视。这是一种骚扰，可以扰乱受害者的生活，让他们感到很害怕"。然而，用户可能并没有意识到他们被跟踪了——他们的跟踪者可能会使用互联网限制他们的行为，监视他们的活动，并且偶尔会出现在他们知道受害者将出现的任何地方。据估计，超过40%的大学生遭到过网络跟踪的伤害，而将近5%的人跟踪过别人。

柯万（Kirwan）和鲍威尔（Power）概述了人们对网络跟踪的各种不同的反应，包括避免与跟踪者接触，以及向警察报案等。但是，跟踪者在线上得到的信息越多，能够与受害者进行交流的方法越多（如通过短信、即时消息、社交网站和电子邮件等），受害者也就越难以避免被跟踪，跟踪者对他们线上和线下的生活影响也就越大。此外，还应该注意的是，在线上的隐私减少了的人，之后可能也会成为网络跟踪者，但是他们不会从事线下跟踪行为——例如，他们可能重复地访问受害者在社交网站上的个人资料，或深夜向他们发消息，但是，他们不会考虑跟踪受害者到他们家里，或亲自接近他们。

本章小结

本章探讨了许多与使用互联网时出现的隐私和信任问题有关的因素。本研究的主要要领如下：

● 隐私是一个相对的概念，对于不同的人有着不同的意义，以及不同的重要程度。

● 对于一些人而言，隐私的概念已经过时。

● 许多现代的技术和应用程序需要用户共享信息，才可以有效地运行，从而侵蚀了隐私。

- 由组织和企业收集的资料，可能会分享给第三方，如政府。

- 不同类型的人在网上披露的信息类型和数量也不同。

- 信任是网上信息共享的一个重要组成成分。

- 人们可能会选择或希望与特定的社交圈分享某些信息，而不会分享给其他个人或团体。

- 通信隐私管理理论对在线信息分享有用的应用。

- "隐私悖论"是指人们在使用互联网时会为隐私而担忧，但他们的行动却又与这种担忧背道而驰。

- 有关隐私侵蚀的各种负面的问题包括身份盗窃、损坏名誉、监控，以及私人生活和职业生涯之间的紧张局面的加剧。

- 人们通过研究在不确定条件下做出的决策，可以得到关于安全和风险管理的见解。

- 保护动机理论可以应用于隐私保护行为，这有益于鼓励有效的干预行为，以防止安全漏洞出现。

- 信息一旦发布到互联网上，就难以撤回了。

- 网上日益增多的个人资料，可能会使人们更容易受到网络跟踪。

15 线上行为的认知因素

李·哈德林顿（Lee Hadlington）
英国德蒙福特大学

导论

作为一种工具，互联网已成为人们日常生活的一项关键性的特征了。人们在线购物、在线聊天、在线交易、在线约会，并在线查找信息，这些活动在日常生活中如此常见，以至于很多人认为，参与这些活动是理所应当的。当考虑到这种互动所发生的环境并非现实时，参与这些活动就变得更加有趣了。然而，这确实为人们呈现了一种心理体验，让人们能够复制很多网络世界里的所作所为。对这些互动的管理关键在于一套认知程序，该程序决定了学习、记忆、关注和问题解决。这些程序使人们能掌控自己已融入的数字环境。

本章研究的重点是互联网上的互动方式可能带来的退步。包括误导或错误的关注过程、分散注意、打断，或同记忆唤醒与加密相关的程序。这些程序对于日常生活来说是基础性的，大多数人认为这是理所当然的，尤其是这些程序在绝大多数情况下运转得都非常好。人们在"线下"环境中用到的大多数程序都非常不错。作为日常生活的一种功能，人们可以记忆大多数事物，可以学习新的技能，掌握新的事实和信息，还可以在任何时间同时关注诸多事情。有时候人们也会遗忘一些事，比如在学习一项新的技能或解决困难问题时，或注意力从当前目标转移到其他地方时。当前问题是，人们的线上生活对认知过程中的相似错误有何等帮助。人们很可能认为，如果计算机屏幕给出了一个简单的网页，会很容易关注网页内包含的所有信息。这种假设将人类同网络数字环境的互动方式过于简单化了。此外，正如本章将要介绍的那样，在线上世界用到的程序同线下世界一样脆弱。

月球上有几个高尔夫球？

凡事都在发展，万物都在变化。这是时间流逝带来的必然结果。如果有人在互联网出现以前问你上面这个问题，很可能会做很多事情。你可能会问自己认为能回答这个问题的社交圈里的某个人。这一问题很重要——你怎么知道当前得到的信息是正确的？另外，你可能已经去过当地的图书馆，在那里，可以仔细查看以报纸上的文章、书籍、微缩胶片、百科全书和杂志文章等形式存储的信息。这一过程会在时间和精力上耗费大量资源。这并不是一件好事，人类非常吝啬自己的资源，特别是存在另一种更简单、更快捷的找寻答案的机制时，花费如此多的心血则是一种资源浪费。如果确实通过此机制来寻找信息，那么所能得到的好处就是，并不需要真正证实自己已找到的信息；如果有人在某本书上发表了这一信息，那就肯定是可靠的，不是吗？当寻找信息时，最初可能并没有想到，参与这一过程还有很多额外的好处。在社交环境下问问题能增强人们的人际交往技能，尤其是在描述信息并获得自信方面。人们还培养沟通技巧，反过来，这种能

— 15 —
线上行为的认知因素

力可以很好地反映在自我效能上。伊巴拉（Ybarra）、温科尔曼（Winkielman）、叶（Yeh）、伯恩斯坦（Burnstein）和卡瓦纳（Kavanagh）的研究证明，实际上，某些方面的社交互动对人们的认知功能有很多好处，如行政控制权，这一流程决定了人们关注什么及何时关注。事实上，人们还会对信息本身进行搜索，这为学习建立了基础，并增强了解决问题和决策的能力。搜索信息的过程不仅关乎该信息本身，更在于其语义或实际意义。这还关乎对搜索本身的描述，人们做了什么、是如何发现，以及在哪发现那些信息的。这对加深人们对此材料的印象来说很重要。

时至今日，人们寻找问题答案的机制已或多或少有所改变。是什么发生了变化？例如，寻找信息所用的工具已经变了。尽管变化的速度如此之快，人们仍然试图去了解这些变化可能会对人类信息处理系统产生哪些影响。在最近一次关于常识记忆的演讲中，笔者提出了这样一个问题：月球上有几个高尔夫球？演讲一开始，学生们就怀疑我神志是否正常，认为我在耍什么把戏，告诉我月球上确实没有高尔夫球。但随着问题的深入探讨，有人说出了该问题的答案。很明显，随着对如何找到答案展开进一步的探讨时，有学生用智能手机连接了互联网，通过关键词在谷歌上搜索了这一问题的答案，比如"月球"和"高尔夫球"（对于手头没有智能手机的读者来说，该问题的答案是有两个高尔夫球，此答案来自阿波罗14号探月任务的官方报告，宇航员们在返回地球前，艾伦·谢泼德（Alan Shepard）用一个改进后的取样工具击打了两个高尔夫球）。这一瞬间获取信息的行为掩盖了人们关系上的一个重要变化，不仅是通过那条信息，还通过控制人们用来互动的科技。此外，这种关系正在迅速发展，研究已经证实，数字空间对人们应对各种情况的认知过程会造成影响，如高尔夫球的问题。

诸如注意力、记忆、阅读和解决问题/做出决策等过程，都是人们开始了解线下世界的认知基础。将一个人放到充满超媒体、病毒式广告、在线社交网络和博客等要素的世界里，这样的环境对认知过程的代价以及他们有限的资源，刚刚引起研究人员的关注。

"谷歌知道"

前面借助搜索引擎回答问题的例子涉及一个概念——**交互记忆**。这一术语来自社会认知领域，描述了将某些方面的记忆"卸载"到外界环境中的各种元素。"外部"储存信息的功能并不新奇，这是因为任何群体结构或信息传输关系都能创造交互记忆。这种社会记忆不仅涉及人们作为个人拥有的所有记忆，还涉及在自身内部的特殊记忆，作为一个整体拥有的集体记忆。如果不知道这些信息，所认识的一些人也许知道。斯帕洛（Sparrow）等人进行的研究探讨了搜索引擎是否已成为了社会记忆的组成部分。该研究认为，人们的确在将部分交互记忆完全交给搜索引擎，相信互联网将"知道"人们抛给它的问题的答案。由于搜索引擎的出现，人们不再铭记实际的信息，而是更愿意（只是）记住信息的来源。因此，人们并不拥有长期记忆中嵌入的实际信息部分，而只是一种程序性记忆，它告诉人们，如果需要再次找到相似信息应该怎样做。这模仿了交互信息之前的社会环境，如果不知道问题的答案，至少会知道可能知道答案的人在哪里。或许正如斯帕洛（Sparrow）等人所指出的，该程序的另一个不利之处就在于，为了知道"谷歌知道"究竟知道什么，必须用某种方式与其建立连接，一旦"失去连接"，则意味着失去了这一资源。

这对于技术进步、个人的影响，以及掌控人与世界互动的过程来说，都是不可避免的。因此重要的是，不能认为这些进步是理所当然的，而是要去推断，这些进步对决定人们认知自我的过程有哪些影响。

— 15 —
线上行为的认知因素

线上互动与不断演变的认知

同时也不要马上灰心丧气。互联网本身是很了不起的一项发明，在网上，可以搜索、浏览、下载、聊天、发微博，以及进行各种网上娱乐。而像人机交互这样的领域的重点就在于，人们采用互联网的方式并不同于使用一台计算机。同仅使用计算机相比，参与网络空间内的活动对个人有着不同的认知要求。使用互联网和使用计算机之间的关键差异就在于人们参与前者时的结合度。约翰森（Johnson）指出，互联网可将人们与不同形式媒体的整个领域联系起来，人们可以同所有这些媒体互动，更重要的是，一些媒体也可同人们进行互动。大多数情况下，所安装的软件和鼠标、键盘、显示器等关联设备的局限性，就束缚了人们对没有连接网络的计算机的使用，并使之成为了一种静态体验。人们所进行的互动是在隔离环境下进行的，没有受到任何外力的掌控。一旦计算机连接了互联网，事情就变得不一样了，所经历的认知负荷也会增加。

塔普里（Tarpley）在该领域的早期工作暗示了，与某些传统形式的媒体相比，使用互联网有多么复杂。如果阅读一本书或一份报纸、看电视或听收音机，大多数情况下都是信息的被动消费者。诚然，也可以对着电视大声叫喊或跟着收音机一同唱歌，但所做的事情对媒体传播这些信息几乎没什么直接影响。有了互联网，人们就从被动转为了主动，可以玩游戏、与资料和媒体互动、实时交流，以及给别人留言等。这些过程背后的认知机制意味着，与环境互动的主要方式，尤其是以互联网为基础的方式，已从口头方式转换成了可视化方式。过去人们会交谈或聊天，而现在主要是看、打字，以及通过单击鼠标来操纵屏幕上的一些元素。

互联网能够改善人们思考的方式吗？

在第一次尝试着探索了使用互联网是如何影响人们的认知能力后，约翰森探讨了经常上网和很少上网的个体之间推理技能的差异。他们的研究证明，经常使用互联网的用户在一项重要的认知过程，即非言语推理上，与很少使用互联网的人有很大差异。非言语推理概念与**视觉智能**这一属性有很大关联。这部分的认知要求人们使用视觉机制，如物体的大小、形状和关系等，来对其进行记忆和识别。经常使用互联网的被试群体，在这一推理形式上有明显优势，这表明，使用此类媒介对改善这些技能有一定的影响。或许应谨慎地对这些结果进行解释，以免被人误读而长时间坐在计算机前上网。该研究并没有事先对参与者进行前测，因此也并不知道在测试之前被试的水平如何。也就是说，很有可能在测试之前，非言语推理技能水平有所提升，但并非由于经常使用互联网。这可能是因为，在非言语交流上表现出差异的人们，只是在寻找这些交流机制来匹配自身的性情，而并非这项活动"改善"了他们的技能。

进一步的研究表明，使用社交网站与认知能力之间有一定的关联。基施纳（Kirschner）和卡宾斯基（Karpinski）所做的初步研究表明，频繁使用社交网站（本研究案例为 Facebook）对考试成绩存在着不利影响。相关发现也表明，频繁使用 Facebook 的用户花在学习上的时间少之又少，他们很不擅长管理实践活动，会倾向于使用 Facebook 来进行拖延等。这表明，或许学习成绩较差与使用 Facebook 之间的联系与个人性格（注意力不集中）有关，但并没有表明，社交网络与学习成绩差之间有什么实际关系。在进一步的研究中，根据在 Facebook 上参与的活动，以及对学业成绩的影响，洪科（Junco）探讨了这一观点并强调了一种分歧。由于本研究中大部分内容是在美国进行的，所以用于衡量学习成绩的客观方法是平均成绩（GPA）。经常参与社会监督（分享链接或查看朋友的状态更新）的学生，与参与发布状态更新及参与即时网络聊天等社交活动的学生相比，前者的平均成绩分数更高。多重任务可能是造成该差别的原因之一，尤其是在学习活动和参与社交网站有很大交集的情况下。如果学习与社交网络活动之间的相似度很高，就会出现对有限认知资源的竞争。这就会造成，不仅所了解到的信息不会留存在记忆中，而且概念之间的关联也会与社交网络活动的素材混淆在一起。很明显，这一过程会影响成绩。

阿洛维（Alloway）等人探讨了与使用社交网络和提升认知能力相关的一个有趣的问题。参与不同类型的社交网络是否对认知技能和学习成绩有直接影响？研究结果表明，很少使用 Facebook 的参与者，与使用 Facebook 一年及以上的参与者之间，在记忆、言语能力和拼写等方面的分数有着显著差别。在典型的 Facebook 活动中，大多数参与者不可避免地获取、处理和利用大量的详细信息。他们也必须决定（采用复杂的认知决策过程）所获信息与将要采取的活动之间的相关性。这一过程与记忆活动相关，包括视觉注意力、言语编码和决策等。Facebook 对拼写和言语能力的积极影响与训练效应有关，如果个人经常阅读或经常对他人的状态进行评论，那么他们在进行文字沟通时就会变得得心应手。如果对数学方面概念的分数进行比较，这一好处就更加明显了，因为数学方面的分数并不会受到社交网站参与度的影响。

这些研究似乎表明，只是使用网络或参与社交网络活动，对提升认知技能并没有什么神奇的效果。相反，通过参与某种类型的网络社交活动，会对某些技能产生训练作用。很明显，所参与的活动会使人们分心，而对有些拖延倾向的人来说，使用互联网或社交网站可以视为一种"建设性"的注意力分散。

阅读与互联网

当读到这部分内容时，请仔细想想自己在认知上付出的努力。对大多数人来说，阅读是一个自发的过程，几乎不太需要有意识的努力。现在仔细想想包含不同文字内容的网页？它们表面上似乎确实并无妨碍，大多数情况下，任何形式的文本，无论是在线上还是在线下，都需要同样的认知处理能力。但研究表明，这种假设是错误的。**超文本**是一种常用的呈现电子文本的机制，被频繁用于多种文本，如电子阅读或网页文本。超文本与更传统的线下文本的区别在于，文本内包含了很多主动链接（或超链接）。这些链接可使用户从当前文本中获得海量信息。德斯特法诺（Destefano）、勒菲尔（LeFevre）和斯玛特（Smart）指出，与线下文本相比，超文本提供的便利会增加人们的**认知负荷**。随着用户选择的灵活性不断加强，数量不断增多，个人面临的认知负荷也同样不断加重。采用超链接能帮助用户获得海量信息，便于进一步了解。正如卡尔（Carr）所言，这一功能也许需要付出代价，超链接鼓励人们离开最初的兴趣点，继而面对更多的信息（很可能是不相关的）。

卡尔强调了线上和线下文本处理的关键差异，值得注意的是，线下阅读的认知过程涉及两大基本的感觉：触觉和视觉。由曼根（Mangen）进行的研究可知，阅读是一种多重感知过程，人们不得不在上下文之间建立相关联系，不仅要面对文本，还要面对文本的背景（理解）。阅读需要视觉—空间过程，来帮助人们密切注意自己在文本中的位置，同时引导人们穿越预定的路线。相反，阅读超文本就为探索素材提供了新的方式，并将注意力转移到了每一条新信息上。尤其是当人们不能熟练地浏览互联网时，个人很容易迷失在超链接的层级中。表面上，使用超链接似乎与阅读一本书、

15
线上行为的认知因素

然后在书的背面查找参考文献，或阅读目录然后跳到指定页上进行阅读，并没有什么不同。使用超文本后的差异，就在于能够轻松而迅速地选择、获取、浏览和筛选信息。

卡尔认为，当人们在线上进行阅读时，他们似乎看到了网络丛林中的"枝枝叶叶"，这表明，不同资源之间的联系对人们的影响很大，人们通常只能体验到通过超文本环境传输的素材的表面信息。因此，确实有可能无法拼凑出所关注的素材的全景。例如，缺少信息之间的关键联系，或无法全神贯注地阅读当前的素材。这种全局视野对于计划（接下来去哪收集信息）和理解（该背景下这些信息意味着什么）至关重要。同样，人们确实会因通过超链接获得的不相关材料而分散注意力，也会因最初目的破碎而备受煎熬。

在网络环境中学习

学习是一个关键的认知技能。斯维勒（Sweller）强调，学习的问题涉及图式的建构。图式一词最早由巴特莱（Bartlett）提出，可以视为在线活动脚本，用于储存针对某一话题或主题所展开的信息。比如说，可以提出一个与假期这一话题相关的图式，包括如何定义假期、假期需要做哪些事，以及之前的假期经历等。将信息转换成更长期、更持久的格式，可以让人们以此来构建真实世界的经历。然而，这一过程绝不像人们设想的那么简单，通过该机制，信息从临时数据库（如短期记忆）传输至一个更长期的数据库（如长期记忆）内的图式中，这一过程可谓困难重重。可以将连接数据库之间的通道比喻为一条狭窄的单行道，只有非常少的车辆可以同时进入主干道，这意味着无法进入主干道的车辆会陷入拥堵。这一"拥堵"的过程等同于影响人们试图形成记忆的过程，如衰减（随着时间的推移，信息将丢失）或干扰（其他材料干扰了实际想要记住的素材）。在卡尔用到的一个比喻中写到，从短期记忆传输素材至长期记忆的过程就等同于"用一根根针填满一个浴缸"。

斯维勒和卡尔都认为，这是一个与认知负荷相关的关键问题。认知负荷这一概念是一种客观指标，用来衡量从短期记忆传输至长期记忆的过程中，人们能得到的信息和素材的数量。认知负荷的相关概念为，当人们拥有来自某一环境下更大量的信息时，将信息传输至长期记忆中所包含的图式的能力不足。如果出现素材丢失及无法加密的情况，就会明显削弱记忆的形成，造成记忆和学习能力降低。

那么，这与认知、互联网和人们之间有何关系？再看一下之前提到的关于阅读的例子。在线下世界里，大多数人面对给定的书籍或文字时，会按照自身的速度进行阅读。这一过程控制了素材从短期记忆传输至长期记忆的方式，如果人们发现自己记不住信息或会遗漏很多内容（或许书中提到了一个复杂的情节或观点），就会重新阅读该素材或花更多时间来领悟这些信息。在互联网的背景下，这一过程与素材传达速度略有不同，也不同于记载数据用的资料的绝对数量。对于其中的某些资料，人们以参与其中的方式对其有着明确的掌控，并可以据此衡量自己对这些资料的理解程度。对于其他的资料和素材流（如动画广告、实况广播或警告等），人们无法避免与之接触，而也经常发现，自己正面对着如此之多的不需要的信息。

斯莫尔（Small）、穆迪（Moody）、斯迪达斯（Siddarth）和布克海默（Bookheimer）表示，使用互联网，或更具体的互联网搜索会造成大脑活跃度的显著变化。他们试图通过比较两个群体的表现来证明这一点，一组经常使用互联网（互联网达人），另一组则不怎么使用互联网（互联网新手）。在斯莫尔等人进行的研究中，两组参与者完成了各种任务，从阅读简单的线性文本到进行更深入的互联网搜索活动。

15
线上行为的认知因素

  试验结果着实惊人,使用互联网的经历对大脑活跃度具有一定的影响。就标准线性文本阅读来说,两组参与者表现出的区别并不明显。但在互联网搜索活动上,两组参与者在大脑活跃度上有着显著区别。互联网达人参与者在做决策时,大脑某些区域的活跃度有所提升,将复杂信息融入综合目标的能力也有所增强。互联网新手参与者在大脑这一区域并没有出现此类活动。尽管本研究的作者在阐释结果时很谨慎,但仍暗示了参与互联网搜索的实际过程对大脑的使用远远高于阅读线性文本这一简单过程。这一活动对实际认知互联网搜索本质的过程有何影响尚不得而知,但本研究中有明确的证据证明,大脑在互联网活动中的参与度远高于简单阅读。斯莫尔等人对此进行了调查,进一步探讨了通过一段时间的培训,互联网新手参与者能否复制相同的神经通路的问题。值得一提的是,单纯地进行互联网搜索5个小时后,在前额叶皮质内,新手参与者就表现出了与互联网达人相同的活跃模式。斯莫尔等人指出,当人们参与到很多人日常参与的、用来拖延时间的活动中后的一段相对较短的时间内,才会发生这一变化。

注意力与互联网

  就认知而言,注意力的本质一直是一个研究的重点话题,是信息处理系统方面与记忆和解决问题相关的重要因素。由此看来,试图总结一个世纪以来本领域中相关的研究着实是一项无法完成的任务。因此,这里只介绍对研究具有关键意义的内容。注意力在互联网上的行为和活动方面起着重要作用,特别是当人们同时面对多种资料中的诸多信息时。在这些情况下,注意力可以是一种筛选方式,也可以是一个焦点,能确保忽略人们不想要的任何不相关信息,同时,还能保证得到人们想要的信息。也许,这一过程并非总能符合人们的计划,很多情况下,外部环境的一些因素会转移人们对当前事务的注意力，或造成对手头任务的干扰。

多重任务的概念与持续性局部关注

卡尔最近发现，人们越来越偏爱短期内出现的素材，尤其是广告或没有新闻价值的信息。这反映出人们不愿面对长期素材。现在，一些电视频道会将 60 秒快播新闻插播在节目之间，在很短的时间内强行提供很多的信息。很多新闻插播也包含文本搜索器形式的补充信息（通常强调来自社交网络工具的头条消息或信息，如推特网）。这种情况的最终结果是，在非常短的时间内呈现大量信息，但并不能测算出终端用户实际消化了多少信息。与此相关的是持续性局部关注这一概念，最早是由琳达·斯通（Linda Stone）在一篇博客中提出的，作为软件管理人员，她描述的是一种状态，即人们会参与诸多行为，但又不会将所有注意力完全集中于任何一个行为的状态（参见 lindastone.net/qa/continuous-partial-attention）。

注意力分配过程不同于多任务处理这一概念，后者中的每个任务有着直接而相关的目的，并与人们当前的目标有关，更重要的是，人们完成一个任务时可以休息片刻。当参与持续性局部关注时，参与时间会更长，需要在给定时间内寻找机会了解任何类型的素材。线上生活中，"我们什么都要、现在就要"这一概念被视为一种渴望获得关联的需求，无论通过电子邮件、即时信息，还是通过社交网络、动态消息等。加强警惕的持续状态有着相关认知成本，它会导致个人压力增加，失去反思当前行为的能力，或无法在计划方面做出关键决定。

很明显，所有活动都要付出一定的代价。尽管一开始可以将精力提升等好处归功于具体的任务或能够记住更多信息，但这并不持久。这种情况

线上行为的认知因素

下,体内的化学成分对人们的表现造成扭曲,反过来会导致错误和问题。已经证实,压力对人们回忆信息的能力有很大影响,尤其当信息在情绪上造成波动时影响更大。压力会妨碍人们生成记忆的能力,也会影响人们做出评判的能力。压力荷尔蒙皮质醇和肾上腺素水平的增加,与抑郁和疲劳的症状也有关联,这就证明了,虽然注意力分配程度有所增加可能会带来很多好处,但其潜在的后果是很糟糕的。斯莫尔和沃尔根(Vorgan)用"技术性大脑倦怠"来描述因注意力延长并分散所造成的认知能力的衰退。俄斐(Ophir)、纳斯(Nass)和瓦格纳(Wagner)调查了频繁参与媒体多任务处理和较少参与的人之间在认知过程上存在显著差异的可能性。媒体多任务处理的概念针对的是某年龄段较为常见的活动,这一人群被定义为"数字原住民",通常在8~18岁。研究的重点是在多重任务媒体使用的过程中,应对不同信息流的能力。正如本章中一直探讨的,对这种性质的研究,以下概念尤为重要:人类的信息处理能力有限,并不擅长同时应对多种信息渠道。俄斐等人认为,更密集、更频繁的多任务处理的参与者更加留意不相关的刺激因素。本研究的结果证明了很多关键点,在经常参与在线媒体多任务处理的人们与很少参与的人之间,存在诸多区别。人们认为这些所谓的经常进行媒体多任务处理的群体,其处理信息的方式不同于不经常参与该活动的人群。这些经常使用媒体进行多任务处理的参与者,似乎在过滤不相关刺激因素时存在一定的困难,他们很难忽视不相关的信息,无法阻止它们进入记忆,并且很难做到将不相关的任务与相关的任务区分开。有证据表明,经常参与媒体多任务处理的人,更容易因繁重的多任务信息流而分心,更容易受到当前任务之外的事物的刺激。不经常参与媒体多任务处理的人在面对使其分心的事物时,在与任务相关信息的注意力分配上更有效率,他们似乎拥有更强的内源性注意力控制能力,能很明确地关注单一任务。

人们能保证自己正在关注网上的一切事物吗？

瓦拉金（Varakin）等人强调了一个重要问题，这直接与线上环境中的信息处理有关。以网页为基础的互动，是一种有限的空间视觉经历，这种限制来自屏幕参数及所包含的信息。这种错误的设想取决于有限的环境，人们无法关注网站上所包含的一切内容。最近一篇与注意力有关的研究文献强调了人们的信息处理系统的两大方面，研究表明，人们"看待"事物的能力并没有设想中的那么好。过去的几十年里，有两种现象受到了很大关注：变化视盲和不注意视盲。这证明了在某些情形下，人们无法看到视觉环境中一些关键的内容，这些方面对线上安全有着严重的影响，反过来也会影响人们的整体利益。

变化视盲

变化视盲这一概念最早是由伦辛克（Rensink）、欧瑞根（O'Regan），和克拉克（Clark）提出的，描述了人们的注意力系统存在的一种奇怪现象：人们无法看到呈现的视觉信息中所出现的显著变化。有研究已经证实了，人们经常无法注意到相当特别而明显的变化。最重要的是，这些变化如此之大，对于没有直接参与任务的人来说是显而易见的（如对调一个人的头部）。调查显示，75%的参与者无法注意到这些变化，即使是一部短片中唯一一个演员从一个人换成了另一个人。研究还表明，某些人仍然可以将注意力集中在已经改变或正在改变的对象上，但仍然没有注意到这种变化的发生。因此，如果想解释这一现象，首先需要说明，这并非因缺乏关注而引起。

15
线上行为的认知因素

瓦拉金指出了利用软件设计电子阅读时变化视盲的影响。本研究的参与者需要试用一款软件，该软件可帮助他们浏览当前的新故事，他们要执行的关键任务在于收集目标文章内的信息。之后参与者需要基于这些信息回答一系列问题，以及一个与浏览信息过程中出现的意外变化相关的问题。只有50%的参与者注意到了所发生的变化。这表明，即使在有限的空间下，阅读软件的用户仍会错过视觉中重要而明显的变化。就像横幅广告视盲那样，人们会错过感官和语义上突出的信息，因为它们并没有引起人们的注意。

在军事背景下也存在相似的变化视盲案例，其包容性与实际任务本身有关。狄拉克（Durlach）探讨了使用军事指挥和控制系统时人们的敏感性。该系统提供了一系列与目前的任务目标、敌军位置详情及友军部队有关的实时更新。其结果证明，当另一个任务窗口被关闭并再次打开时，参与者不太可能注意到屏幕上一系列任务关键图标的变化。在一个任务窗口被关闭并重新打开的同时，有50%的参与者不太可能注意到屏幕上图标位置的变化。

这类研究在军方背景下有一些明显的影响，但也适用于网页活动下用户的体验。有趣的是，网站用户不会经常在封闭的情况下使用网络，时常存在多任务运行或多个任务窗口同时打开的情况。研究证据表明，如果在此类任务窗口关闭或打开的过程中出现变化，这些变化很可能会被忽略。如果这些变化与任务相关信息有关，或给出了关于当前系统状态的关键性警告/升级信息，用户基本上会错过这些非常重要的信息。这就像是忽略了公共日历内一个会议时间的改变一样。但这种注意力失误会造成更严重的影响，例如，没有注意到银行收支上的变化或可能提示恶意行为的具体警告标志等。

在最初的研究中，斯蒂芬娜（Steffner）和申曼（Schenkman）通过探索个别方面的变化和任务环境的复杂性对变化检测的影响，研究了在查看网页信息时的变化视盲。本研究根据变化的大小、变化的复杂程度和位置，变化是发生在某个人身上，还是发生在某事物或网页上，总结出了4种关键的类型。研究人员指出了一系列基于变化视盲文献而进行的假设，表明了在浏览网页的情况下，较大的变化、简单目标的变化、屏幕左侧的变化，以及直接对个人的变化更容易引起人们的关注。研究结果给出了一些有趣的结论。与之前的设想相反，比起事物本身发生的变化，网页内一个真实人物的变化并不容易被察觉到。然而，本研究未能强调参与者根据操作的复杂性，察觉到变化的能力之间存在的任何显著差异。本研究证明了，某些方面变化视盲能够影响人们在网上查看信息的方式，但这明显局限于一项基础的研究。重要的是，人们尚未考虑的一个关键问题就是视觉复杂性与视觉混乱之间的区别，而该领域因此就为进一步研究打下了基础。至于两种过程如何直接影响观察到的变化视盲程度，几位作者并没有给出明确讨论，这些方面与本章之前探讨的认知负荷的概念有关。参与者还发现，屏幕左侧的一些图标比右侧的更难察觉。他们发现，网页右侧的素材更有可能影响人们对文本的理解。这表明相对于左侧，该区域会从一个更直接的关注焦点获益。

不注意视盲

不注意视盲一词首先由麦克（Mack）和洛克（Rock）提出，但该现象在早期关于注意力的研究中就已奠定了基础。在从事一项任务时，往往会忽略眼前出现的其他事物，这就是所谓的不注意视盲。首先，参与者进行一项需要集中注意力的任务（通常称为首要任务）。首要任务有很多种类型，其关键在于需要观察者高度集中注意力。接下来，在首要任务进行的过程中，出现一个意外事件。意外事件对于没有参与首要任务的人来说是非常明显的。研究者为参与者提供了一系列静态视觉展示，短暂出现了一个十字架图形。参与者需要判断十字架的哪边横臂更长。就视觉展示范围内意外事件的关键特征而言,通常会出现与十字架横臂极其相似的另一个几何图形。实验结果表明,75%的参与者无法注意到意外事件包含了什么,即便出现的内容是新奇的(如一个亮红色方块)。

在网络互动的背景下对不注意视盲的探讨很少,这就为该领域的进一步研究铺平了道路。本威(Benway)研究了用户为何没有注意到网页上的重要内容,该网页包含与任务相关的关键信息。研究人员鼓励员工通过屏幕顶部一个设计鲜明的广告来报名参与某一培训课程。在后续访谈中,员工似乎成功地导航到了包含广告并提供了通往培训课注册页面的链接的网页,但是他们实际上并没看该网页。后来,本威在实证研究中重现了这一现象,并将其定义为横幅广告视盲。如之前所探讨的,这种趋势不是孤立的,在很多其他研究中都曾提到过。

获悉在线任务中注意力的影响

瓦拉金等人提出了一系列理论上的"假设",与不注意视盲、变化视盲等现象为什么会直接影响在线视觉环境下的信息处理有关系。这些视觉带宽幻觉有助于解释注意力系统下为何会发生此类错误。关键问题在于,人们高估了在视觉展示处理方面的能力。本质上,视觉带宽幻觉的概念表明,人们实际看到的和人们认为自己应该看到的之间存在很大误差。不注意视盲和变化视盲的这些方面的内容与注意力体系内过度自信有直接关系。在线认知过程背景下,瓦拉金等人的研究结果可能并不直观。视觉带宽幻觉是基于个人的经历的,与具体的视觉环境无关。所使用的在线信息就直接来自此类参数。如果信息出现在了意料之外的区域,或在任何给定背景下素材有很强的吸引力，如弹出式广告、电子邮件通知等，那么，影响不注意视盲和变化视盲持续性的因素肯定会阻碍简单的研究任务。这也许就意味着，用户会错过关键信息，第一眼看起来，这与当前的任务目标好像没什么关系，但仔细观察后不难发现，这可以为手头任务提供了关键信息。在这方面，计算机视觉环境的诸多方面可能会对注意力造成影响，包括任务窗口重叠在一起、网页载入缓慢、显示器凌乱，以及设计欠佳的网页上的很多与任务或功能无关的图标等。瓦拉金表示，很多计算机显示的内容和网页与变化视盲和不注意视盲用到的各种视觉环境之间，存在很明显的相似性。探讨这类环境下人们注意力的关键方面的研究仍十分有限。需要一个框架来探讨网络空间下此类现象的持续性。如本章之前阐述的，网页中存在很多形式的缺失，这与忽略非常细微的变化有关，而人们可能完全忽略了发生在眼前的一些事情。该领域研究的目的在于强调这些缺失，并探索一些机制，透过这些机制能缓和问题（如果存在）的严重性。

受到干扰会怎样？

为了给本部分的研究提供一些参考，可参见 Doctorow（http://www.locusmag.com/Features/2009/01/cory-doctorow-writing-in-age-of.html）中的一句话，他将互联网描述为"干扰技术的生态系统"。网络可以让人们以更多方式来开展各种活动。但作为网络环境本质的一个结果，令人分散注意力的因素太多。本文就此探讨的大部分内容都侧重于，视觉环境的某些方面不仅会转移人们对手头任务的注意力，还会让人们关注一些与任务不相关的信息。至于干扰的另一方面，研究探讨了信息的影响并非直接与任务相关，但会为人们提供非常重要的信息，并对任务造成影响。例如，收到一

15
线上行为的认知因素

封电子邮件,提示会议时间的变化,可能与当前输入的通知相关(但并非紧密相关)。马克(Mark)、古蒂斯(Gudith)和克罗克(Klocke)指出,受到干扰的人们经常通过提升做事速度来弥补同时出现的任务量。不断增大的压力、沮丧、时间紧迫感,以及整体要付出的努力都会产生持久的影响。所包含的信息与当前所进行的任务高度一致的干扰因素经常会带来明确的促进效应,并有助于提升工作效率或为人们提供用于完成手头任务所需的素材。然而,如果干扰因素与任务并不相关,或致使人们改变当前应对的任务,通常就会对工作流程和压力造成很大影响。

欧(Ou)和戴维森(Davison)探讨了工作环境中使用即时通信的相关话题,尽管他们表示,使用即时通信能够有效预测工作任务的干扰因素,但它们无法对小组的整体表现造成较大影响。这类结果似乎与人们所期望的相反,就在这种环境中提供的通信的巨大好处而言,通过快速而高效的分享信息,这种模式的结果已经得到了解释。使用即时通信也会提升团队作业,或许还可以延伸至更宽泛的社交网络。作为一项关键要素,即时通信对职场中的互动程度有着极大的影响,能大大提升相互之间的信任程度,并确保人与人之间沟通的质量。在本研究背景下,因使用即时通信而对工作造成的干扰,在所有对工作的干扰因素中所占的比例非常小(5%),比电话、电子邮件和会议等方面的干扰因素的干扰程度要小得多。在这里,特别是在即时通信和以计算机为媒介的通信方面,至关重要的是其提供的互动程度,双向同步通信似乎并不具有太大的破坏性,这是因为它将干扰点集中在了特定的时间点上,并且还以社交互动形式提供了显著的好处。

在网络互动背景下,干扰因素的概念过于宽泛,科瑞乔(Corragio)将其定义为"一种外部产生的,随机出现的,打破了对首要任务的认知和持续关注的离散事件"。由此看来,需要强调的两大关键点就在于外部控制及干扰性事件的不可预测性。用户在从当前网页跳转至另一网页时的外源性转移，以及返回原网页的过程并非隶属于本范围下的干扰因素。重要的是，干扰因素作为一种随意性的、干扰性的事件，对个人表现有着明确的影响。在线信息处理背景下，用户在执行任务时会受到各种各样的干扰。获取网页设计参数之外的信息可能就会造成信息错误、内容和搜索背景缺失，以及访问受阻等，这些干扰因素会阻断信息流，扰乱用户完成首要任务。还有一些问题与干扰因素相关，乍一看还可能与任务相关，如系统信息、警告信息及新闻更新等。最终的结果是可以处理的素材数量持续减少，尤其是当干扰因素占据了首要任务需花费的资源时。在不同领域中已探讨过干扰因素对认知表现造成的影响，包括完成任务所需的时间、错误数量、决策，以及一般的表达感情的（情绪上的）状态。

本章小结

本章针对网络素材对主动的信息处理造成阻碍、完善或误导的方式进行了广泛探讨。在整个人类历史上，使用互联网还是相对新鲜的体验，尚需要花费时间来探讨互联网及相关技术与认知过程是如何相互影响的。当代的数字原住民，即很早就开始受网络影响的人们，随着关键技术的进步会提升其认知能力。人们有必要获悉，在未来，这些过程将会如何受到影响。

本章探讨的主要内容包括以下几点。

● 之前已形成的，作为线下社交群体的一部分的交互记忆现象。如今，研究证实，互联网，尤其是个别网站和搜索引擎，正逐渐成为社交群体的

线上行为的认知因素

一部分。目前人们很难记住他们检索到的有关事实的信息，但却能记住信息的来源。

● 诸如参与社交网络等行为对某些认知方面有着积极影响。这种便利被认为是正在进行中的"培训"的结果，该培训与潜在的认知过程有关。

● 研究强调，线下世界中记载的两种现象可以很好地被传输至线上世界。变化视盲和不注意视盲证明了，人们作为个体，正在错失一些在线环境中的关键问题。

● 作为一种信息媒介，超文本对人们阅读网络素材时体验的认知负荷有着长远的影响。

● 网络环境下，对人们产生影响的信息量将直接影响人们的注意力。持续局部性注意力意味着人们目前不断受到信息的影响，从未间断。

Copyright © Oxford University Press 2015.

CYBERPSYCHOLOGY, FIRST EDITION was originally published in English in 2015. This translation is published by arrangement with Oxford University Press. PUBLISHING HOUSE OF ELECTRONICS INDUSTRY is solely responsible for this translation from the original work and Oxford University Press shall have no liability for any errors, omissions or inaccuracies or ambiguities in such translation or for any losses caused by reliance thereon.

本书中文简体版专有翻译出版权由Oxford University Press授予电子工业出版社。未经许可，不得以任何手段和形式复制或抄袭本书内容。

版权贸易合同登记号　图字：01-2016-4452

图书在版编目（CIP）数据

互联网心理学：寻找另一个自己/（英）艾莉森·艾特瑞尔（Alison Attrill）编著；于丹妮译.—北京：电子工业出版社，2017.6
（互联网+）
书名原文：Cyberpsychology
ISBN 978-7-121-31365-3

Ⅰ.①互… Ⅱ.①艾… ②于… Ⅲ.①互联网络—社会心理学 Ⅳ.①TP393.4-05

中国版本图书馆CIP数据核字（2017）第077644号

策划编辑：刘声峰（itsbest@phei.com.cn）　黄菲（fay3@phei.com.cn）
责任编辑：刘声峰　　　　　特约编辑：刘广钦
印　　刷：三河市鑫金马印装有限公司
装　　订：三河市鑫金马印装有限公司
出版发行：电子工业出版社
　　　　　北京市海淀区万寿路173信箱　邮编 100036
开　　本：720×1 000　1/16　印张：17.75　字数：235千字
版　　次：2017年6月第1版
印　　次：2017年6月第1次印刷
定　　价：55.00元

凡所购买电子工业出版社图书有缺损问题，请向购买书店调换。若书店售缺，请与本社发行部联系，联系及邮购电话：(010) 88254888, 88258888。
　　质量投诉请发邮件至 zlts@phei.com.cn，盗版侵权举报请发邮件至 dbqq@phei.com.cn。
　　本书咨询联系方式：39852583（QQ）。